协同治理视角下典型化工产业园区规划环境影响评价研究

张洪玲 苏敬 黄冠燚 沈家明 蒋欣◎著

XIETONG ZHILI SHIJIAO XIA

DIANXING HUAGONG CHANYE YUANQU GUIHUA

HUANJING YINGXIANG PINGJIA YANJIU

河海大学出版社
HOHAI UNIVERSITY PRESS
·南京·

图书在版编目(CIP)数据

协同治理视角下典型化工产业园区规划环境影响评价
研究 / 张洪玲等著. -- 南京 : 河海大学出版社,
2023.12
ISBN 978-7-5630-8532-3

Ⅰ. ①协… Ⅱ. ①张… Ⅲ. ①化学工业－工业园区－
区域规划－环境影响－研究－中国 Ⅳ. ①X826

中国国家版本馆 CIP 数据核字(2023)第 219820 号

书 名	协同治理视角下典型化工产业园区规划环境影响评价研究	
书 号	ISBN 978-7-5630-8532-3	
责任编辑	卢蓓蓓	
特约编辑	李 阳	
特约校对	夏云秋	
封面设计	徐娟娟	
出版发行	河海大学出版社	
地 址	南京市西康路 1 号(邮编:210098)	
电 话	(025)83737852(总编室) (025)83722833(营销部)	
	(025)83786934(编辑室)	
经 销	江苏省新华发行集团有限公司	
排 版	南京布克文化发展有限公司	
印 刷	广东虎彩云印刷有限公司	
开 本	700 毫米×1000 毫米 1/16	
印 张	14.5	
字 数	245 千字	
版 次	2023 年 12 月第 1 版	
印 次	2023 年 12 月第 1 次印刷	
定 价	98.00 元	

前言

PREFACE

气候变化是人类当前面临的重大且紧迫的全球性挑战。为积极应对气候变化，进一步强化气候安全，2020 年 9 月 22 日，习近平总书记在第七十五届联合国大会一般性辩论上发表重要讲话时提出："二氧化碳排放力争于 2030 年前达到峰值，努力争取 2060 年前实现碳中和。"2021 年 3 月 15 日，习近平总书记在中央财经委员会第九次会议上发表重要讲话时进一步强调："实现碳达峰、碳中和是一场广泛而深刻的经济社会系统性变革，要把碳达峰、碳中和纳入生态文明建设整体布局。"国内外研究表明，二氧化硫、氮氧化物、颗粒物往往与二氧化碳的排放具有同根同源性，在控制温室气体排放的同时能有效减少其他环境污染物排放，环境管理政策的实施将获得双重效益并降低全社会总减排成本。因此将碳达峰、碳中和纳入生态文明总体布局，意味着中国生态环保进入减污降碳协同治理的新阶段。

目前，控制温室气体排放、减缓气候变化已经成为我国大气污染防治的重要驱动因素和政策目标，生态环境部等多部门联合印发的《深入打好重污染天气消除、臭氧污染防治和柴油货车污染治理攻坚战行动方案》，将推动产业结构和布局优化、推动能源绿色低碳转型、开展传统产业集群升级改造等"减污降碳协同增效行动"作为方案实施重点，并印发《减污降碳协同增效实施方案》，实现减污与降碳一体谋划、一体部署、一体推进和一体考核。大气污染防治与温室气体减排在政策层面正式进入强关联阶段，政策目标、政策工具、政策实施路径的配合与协同成为两项工作的主线。

环境影响评价制度作为我国预防性环境管理的重点制度，在污染源头预防上发挥了显著的制度效能。产业规划、国民经济和社会发展规划、环境保护行政规划以及地方碳达峰碳中和方案等行政规划在应对气候变化中能起到衔接宏观政策和微观实施方案的作用，国外应对气候变化的立法多将行政规划作为控制温室气体排放的重要政策手段。地方行业主管部门和园区管委会应通过论证园区规划方案的生态环境合理性来优化产业布局、结构、规模。同时落实减污降碳协同增效目标,管理行业规划范围、园区发展要求和"三线一单"管控要求,实现区域产业绿色转型和高质量发展。本书即是以典型化工产业园区为研究对象,从具体案例出发,探索减污降碳协同治理视角下规划环境影响评价的技术方法和评价重点,关注了行业特征、园区碳排放现状、评价指标体系、排放源识别、低碳排放与污染物协同控制方法等方面,针对评估边界存在差异、分析重点模糊、协同措施不清晰等问题提出了对策措施,为区域建设项目准入、企业排污许可证申领、执法检查等环节的管理提供基础。

目录

CONTENTS

1

协同治理

1.1 减污降碳协同治理的含义

大气污染防治与气候变化应对的"协同效应"最早用于界定减缓温室气体排放政策所产生的附加的非气候效益。例如,联合国政府间气候变化专门委员会(IPCC)第三次评估报告中将"协同效应"定义为"减缓政策所产生的并且明确地包含在减缓政策最初制定时的考虑之中的非气候效益";经济合作与发展组织(OECD)将其定义为"除直接气候影响效益外,减缓气候变化政策间接产生的空气质量改善、减少健康风险等广泛的并行效益";美国国家环保局(EPA)则将其定义为"作为首要目标的气候变化减缓政策附属的多重效益,包括节约能源、经济效益、空气质量和公众健康改善等等"。域外的"协同增效"政策载体多以减缓气候变化政策为基础,大气污染防治被视为以低碳能源政策为主的应对气候变化措施的附加效果,其效益可在政策分析中被货币化估值,从而被纳入减缓气候变化政策的"成本-收益"分析并以 $PM_{2.5}$、SO_2 等空气污染物减排量及减排所避免的死亡人数等代表性指标来衡量,通常被认为可以极大程度弥补减缓政策实施的成本。具体来说,发达国家所遵循的"协同治理"路径具有以下几点共性化特征:

一是"协同治理"的驱动机制以温室气体减排目标为主。从英国、德国等应对气候变化政策较成熟国家的政策演变历程来看,其在 20 世纪 70 年代就已进入大气污染物减排阶段,如德国 1974 年出台《联邦污染防治法》,并据此形成以环境影响评价、强制性环境标准、末端污染控制为主体的污染管控体系。在《联合国气候变化框架公约》出台时,发达国家的大气污染防控已取得阶段性成效,温室气体排放持续增加背景下的减缓措施顺理成章地成为环境治理的重要战略,故而大气污染物减排不再是"协同治理"的首要驱动因素,碳减排主导了"协同治理"政策中的目标及手段,立法及政策主要由"碳中和"目标约束,政策集中在碳排放交易、能源结构、交通及农业减排、碳捕获与封存等领域,并据此建立了排放贸易机制、联合履约及清洁发展机制、多方利益攸关者磋商程序等创新性的规制机制。换言之,"协同治理"的政策依托并不局限于原有的大气污染防治制度体系,而是在此之外从根本上实现能源结构调整、能源利用效率提升、生产消费方式转型,以获得长期的"减污"协同效益。

二是"协同治理"的结构呈现多层级调整机制。发达国家的"协同治理"政策体系较污染防治优先时期而言,在组织内在结构、治理模式上均进行了较大幅度的调整。比如欧盟各国在解决环境污染问题时多依赖中央政府主导的、行政权威支撑的、自上而下的直接强制型机制,该种模式下国家层面的环境监管机关处于治理网络的核心位置,处于不同层级的环境监管机关拥有范围不同的执法权限,运用"命令-控制"式的行政工具监督企业履行"减污"义务,中央政府的垂直权威在政策制定到落实的全过程中始终起主导和决定作用。而气候变化应对则构建了多层级、多中心、多主体的治理网络,超国家机构、中央政府、地方政府、公司企业、非政府组织、利益集团等相关者为解决共同危机展开一系列管理和合作活动,并且形成了资源交换、利益协调、政策执行上的长期互动机制。鉴于科层制的权力(权利)配置模式有所变化,"协同治理"的内涵不仅包括治理措施控制对象上的协同,还指多主体协同分工构成的公共事务治理网络。

三是"协同治理"的主体由多方利益攸关者构成。依照治理理论,"减污"和"降碳"协同治理是一种典型的"跨域治理",不同部门、团体或行政区域因共同分担公共事务而导致其业务功能和权责边界存在重叠,必须通过重塑组织结构、合作关系和利益机制驱动多方协同解决危机。故此,气候变化治理机制因循"跨域治理"规律进行决策主体和决策程序改革。如韩国立法设立了国家和地方层级的绿色发展委员会,成员包括相关部门行政官员、能源及绿色发展领域的行业专家及科研专家等,负责制定应对气候变化的基本计划、能源及可持续发展的总体规划等。欧盟委员会则发起了"多方利益攸关者磋商程序",吸收企业、行业协会、环保组织等进入磋商程序,以便委员会在此基础之上制定政策提案。传统命令式决策机制优化为协商式决策机制,一定程度上可以克服协同治理中部门主义和多主体配合问题导致的治理碎片化问题,真正意义上从顶层决策开始统筹设计污染治理与温室气体减排的政策体系,并降低多方主体利益冲突导致的执行成本损耗、减轻协同治理政策落实的阻力。

据我国相关研究统计,我国应对气候变化取得积极进展,2022 年碳排放强度比 2005 年下降超过 51％,非化石能源消费占能源消费总量比重达到 17.5％。2021 年 1 月,生态环境部《关于统筹和加强应对气候变化与生态环境保护相关工作的指导意见》的文件发布,标志着我国减污降碳从"弱相关"进入到"强联合"的阶段。2022 年《减污降碳协同增效实施方案》出台,该方案提出了我国减污降碳协同治理工作迈入新阶段的要求,明确了减污降碳协同治理、推进生产方式和生活方式绿色低碳转型,是解决污染问题和气候问题的根本路径,是实现高质量发展的必由之路。所谓减污降碳协同治理,实质是生态环境治理从"先污染后治理"向"源头预防"和"源头治理"的转变,以经济高质量发展为引领,运用各种措施推进减污与降碳的转型发展,加快形成资源节约、环境友好的产业结构、能源结构、建筑结构和交通空间格局。"十四五"期间,我国的生态文明建设将通过推动减污降碳协同增效,实现生态环境质量改善由量变到质变的关键时期。实施方案也明确提出,通过开展减污降碳试点工作,坚持推进减污降碳协同增效,充分发挥环评与排污许可在源头预防和过程监管中的效力。将减污降碳协同治理纳入生态环境管理体系是生态文明体系建设的必然要求,是下一步生态环境保护工作改革的重要方向。然而,我国减污降碳协同治理尚处于探索期,制度和技术体系均不完备,现阶段的研究主要聚焦在单一生态环境管理手段下的技术探索或实践分析,从闭环的生态环境管理体系逻辑入手的研究还较少。因此本书将重点探讨减污降碳协同治理面临的主要管理和技术挑战,并提出针对生态环境管理体系各环节中减污降碳协同治理的具体建议。

1.2 国内减污降碳协同治理与环境影响评价

相较于发达国家在大气污染治理已取得关键性突破后再行进入以温室气体减排带动大气污染物控制的政策背景,我国目前的"治污"任务仍然紧迫,"协同控制"指导原则已初步奠定。在治污方面,当前我国重点地区、重点领域的空气污染问题仍然突出,如京津冀周边地区、东北地区在秋冬季节重污染天气频发,大气污染无疑是我国生态环境治理需要优先解决的政策议题。在立法方面,我国 2016 年新修订的《大气污染防治法》总则部分增设了"大气污染物与温室气体实施协同控制"的原则性条款,政策思路上要求源头治理、规划先行、优化产业结构和布局、调整能源结构,要求国务院有关部门和地方各级政府推广清洁能源的生产、使用,降低煤炭在一次能源消费中的比重。虽然此次修法并未将温室气体纳入"大气污染物"的管控范围,不涉及针对温室气体总量控制和减排的具体措施,但在立法层面首次明确了"协同控制"的指导原则,为"减污"和"降碳"政策进一步融合初步奠定了法律基础。

2020 年我国提出了碳达峰目标与碳中和愿景,"双碳"行动为"协同治理"提供了新的契机。在国务院印发的《2030 年前碳达峰行动方案》中,提到了推动煤炭清洁利用、淘汰煤炭落后产能、促进工业领域清洁能源替代、遏制"两高"项目盲目发展等措施,将政策重点锚定在污染物排放和碳排放"两高"的重点行业,力求加大温室气体控制带来的环境边际效益。碳达峰碳中和不仅是我国对国际社会作出的庄严承诺,更是推动我国产业结构全面绿色转型、社会经济高质量发展的顶层政治决断。已有研究表明,碳达峰碳中和对驱动空气质量改善有巨大贡献,如碳中和在 2060 年顺利实现,降碳对减污的累计贡献率将超过 80%。而在达峰前阶段减污目标将推动我国获得额外的降碳收益,故目前我国的协同治理需要坚持"减污"和"降碳"双目标驱动。

从"减污"和"降碳"的政策路径和机制来看,我国在大气污染防治上已建立了较成熟完备的法规政策体系:其一表现为以《中华人民共和国环境保护法》和《中华人民共和国大气污染防治法》为主的立法体系为管制范围、管制原则、管制措施、保护义务、法律责任等提供了充足的规范性依据;其二表现为大气污染防治领域的空气质量标准、大气污染物排放标准、环境监测方法规范、产品有害物质限量标准等技术和方法学依据较为成熟;其三表现为环境影响评价、总量控制、限期治理、排污许可、联防联治等污染管制的政策工具成熟,且在实践过程中建立了较为顺畅的政府间横向决策和管理机制,一体化协作治理能力较强。

党的十八大以来,围绕着生态环境治理体系建设,国家推出了一系列管理改革措施,为推动生态环境管理体系的实施提供了制度和实践基础。为了实现源头预防、过程控制、损害赔偿、责任追究的全链条闭环管理,2022 年 4 月生态环境部印发《"十四五"环境影响评价与排污许可工作实施方案》,提出构建涵盖生态环境分区管控、规划环评、项目环评、排污许可及监察执法、督察问责等相关制度的闭环管理体系的要求。通过构建源头预防和过程管理的有效联动闭环体系，强化与执法、督察等制度的相互支撑。制度之间合力逐渐显现。

从长期来看，部门政策对"协同增效"的约束和保障力度仍然略显薄弱，因此必须建立内在协同的法治保障体系，其中首先要做的就是推动"碳评"纳入环境影响评价法律体系。环境影响评价制度作为我国预防性环境管理的重点制度，在污染源头预防上发挥了显著的制度能效。产业规划、国民经济和社会发展规划、环境保护行政规划以及地方碳达峰碳中和方案等行政规划在应对气候变化中能起到衔接宏观政策和微观实施方案的作用，国外应对气候变化的立法多将行政规划作为控制温室气体排放的重要政策手段。在宏观层面，"碳评"在行政规划和项目规划中嵌入前置性碳减排要求，以国家"双控"指标作为重要评价依据，考察相关规划是否具有优化产业布局、能源结构的政策效果，是否产生生态环境和气候的正向效益；在微观层面，"碳评"可以纳入产业园区规划、建设项目的环境影响评价中，以温室气体排放清单、技术准入、监测方法、环境风险防控方案、"减污降碳"方案比较等作为评价对象，为过程防控提供技术标准和执法依据。

在新形势、新挑战下，减污降碳协同治理是推进环境管理制度完善的重要窗口期，将有助于实现环境污染物和温室气体全过程同步削减，全面提升生态环境治理能力现代化水平。面对协同治理制度保障亟待加强等问题，将减污降碳协同治理纳入生态环境体系的逻辑框架，应保留现有制度逻辑框架，遵循立足新发展阶段、持续推进减污降碳协同增效、坚持"放管服"改革的总体思路，厘清各制度环节中的责任主体、边界范围、职能定位，探索互相支撑的参与路径。

对区域环评，地方政府应通过生态环境分区管控，形成区域开发的"框子"和"规矩"，助力省、市、县等行政边界区域高质量发展，指导规划环评、项目环评落地。将国家和地方碳达峰碳中和方案相关管控指标作为区域环评生态环境准入的重要依据，采用IPCC方法学、温室气体排放清单编制等手段评估区域碳排放总量和强度，参考纳入协同治理技术路径，从减污降碳目标、空间、措施与"三线"成果开展协同性分析，优化生态环境管控单元和准入清单。

对规划环评,地方行业主管部门和园区管委会应通过论证园区规划方案的生态环境合理性来优化产业布局、结构、规模。同时落实减污降碳协同增效目标,管理行业规划范围、园区发展要求和"三线一单"管控要求,实现区域产业绿色转型和高质量发展。既要自下而上根据现有资料分析碳排放现状,识别园区层面主要碳排放源,评估减污降碳协同方法,又要自上而下应用行业区域尺度碳排放评价技术方法,从行业和园区碳排放现状、评价指标体系、排放源识别、低碳排放与污染物协同控制方法等方面进行评价,为区域建设项目准入、企业排污许可证申领、执法检查等环节提供管理基础。

在园区规划环评面临的主要挑战中,针对评估边界存在差异、分析重点模糊、协同措施不清晰等问题,可采取以下对策:一是明确园区规划环评碳评边界。部分行业挥发性有机物等污染物治理与碳排放控制的协同性相对较弱,工艺过程碳排放与污染末端治理协同难度大,重点行业和园区的碳评,既要分析行业本身和园区的碳排放水平,也可以基于全生命周期分析的角度,分析行业发展和园区运行对能源结构和能源消费的影响,以及对相关行业碳排放的影响;二是在规划现状评价时,同步开展污染物排放和碳排放清单的编制,掌握重点行业和园区的碳排放水平,最大程度发挥协同效应;三是在污染物和碳排放协同减排预测分析时,可以探索环境质量-温室气体排放-经济和技术的耦合,统筹分析不同场景下实现减污降碳协同治理目标的可行性,特别是要考虑减碳技术应用的技术和经济可行性,提出具备可操作性的对策建议,并提出与建设项目环评衔接的具体准入要求。

对项目环评,应明确重点行业项目环评的碳评重点,通过科学测算项目建设的二氧化碳排放量,给出减污降碳协同治理的具体方案措施,以等量或减量替代作为审批的前置条件。对于项目环评中存在的碳评排放总量、目标、措施落地难等亟需解决的问题,可采取以下对策:一是在项目环评中增加碳评,核算建设项目建成后的碳排放量,提出减污降碳具体措施,并开展技术经济论证;二是按照相关环境保护法律法规、标准、技术规范等要求审批试点建设项目环评文件,明确减污降碳措施、自行监测、管理台账要求,落实地方政府煤炭总量控制、碳排放量削减替代等要求;三是摸清重点行业的碳排放标准和绩效水平,与能源管理评价开展比对分析,明确建设项目碳评的目标和意义,突出碳评的关注重点,避免交叉评价;四是开展重点行业建设项目环评与排污许可的衔接分析,厘清二者的责任、边界和关系,简化评价内容。

2

化工园区规划环境影响评价

2.1 我国化工产业和化工产业园区发展现状

2.1.1 我国化工产业发展现状

化学工业泛指在生产过程中化学方法和手段占据主导地位的过程工业。化工行业一直是国民经济的支柱性产业,整个行业辐射到炼油、冶金、能源、环境、医药、煤化工和轻工等多个分支,与国家工业生产和国民生活密切相关。

建党百年以来,我国化工行业的发展也经历了光辉的历程。1939 年,侯德榜自行设计的"侯氏制碱法"首次打破国外制碱行业的封锁,实现了中国人的制碱梦。二十世纪五十年代初期,我国化学工业从无到有,从小到大,逐渐开始恢复,炼焦、合成氨、硝酸和硫酸车间全面恢复生产,更是研发出了新的合成氨路线,建成 3 座年产 8 万 t 的硫酸装置,还建成了第一套水银法烧碱生产装置。六十年代,化工行业的先驱们自力更生,实现了重水和偏二甲肼工业化生产的技术突破,为我国原子弹和航天事业的发展奠定了基础,同时在化肥领域建成了年产 6 万 t 的合成氨装置,又首次建成碳酸氢铵的生产装置,还建成了一大批年产量为 5 万~7.5 万 t 的中型氮肥厂,为我国粮食领域提供重要保障。这一时期,我国还在"侯氏制碱法"的基础上建成投产了两个年产 16 万 t 的纯碱装置,在国际上首创"联合制碱法",使我国制碱技术迈入世界领先之列。七、八十年代,我国化工行业进入到高速发展期,同时逐渐引进并消化国际先进技术,先后引进了年产 30 万 t 合成氨装置和年产 53 万 t 尿素装置,石油化工方面引进了年产 30 万 t 乙烯装置,同时自主设计了完全国产化的以清油为原料的年产 30 万 t 合成氨装置,年产 24 万 t 气提法尿素装置,年产 11.5 万 t 的乙烯装置。在氯碱工业方面,首创了离子膜烧碱技术。进入九十年代后,我国化工设计行业迎来蓬勃发展,国际型工程公司初见雏形。同时,开发出具有自主知识产权的煤气化和甲醇生产工艺,年产 20 万 t 甲醇装置投产达标,为我国煤化工的发展奠定了基础。进入到二十一世纪后,我国化工行业一直保持高速发展,在基础化工、炼化、煤化工和精细化工等子领域都取得了长足的进步:在基础化工领域,全卤制碱技术得到进一步推广、世界级 MDI 取得突破;在炼化领域,百万吨乙烯成套技术得以应用、炼油催化剂实现国产化突破;在煤化工领域,先进煤气化技术、甲醇制烯烃等新型煤化工技术取得突破;在精细化工领域,精细化工品种不断完善,环保型涂料、助剂的占比不断提高。目前,我国化工行业已经初步形成了以沿海七大炼化基地、内陆专业化工园区、现代煤化工基地为引领的产业集群。

权威数据统计表明,截至 2019 年末,我国化工行业规模以上企业超过两万家,全年利润总额接近 4 000 亿元,整个行业营业收入成本接近 6 万亿元,整体收入利润率约为 6%。2019 年全年,部分重要化工产品产量皆有所提升,主要化工产品总产量增幅接近 5%。2019 年全国乙烯产量 2 052.3 万 t,同比增长 9.4%;硫酸产量 8 935.7 万 t,同比增长 1.2%;纯碱产量 2 887.7 万 t,同比增长 7.6%。

2.1.2　我国化工产业园区发展现状

化工产业园区,一般指石化、化工产业集中的各类工业园区、产业园区(基地)、高新技术产业开发区、经济技术开发区及专业化工园区和由各级政府依法设置的化工生产单位集中区。"十三五"以来,我国持续推进化工产业园区的科学发展和规范化改造,大力推动化工企业搬迁入园、淘汰落后产能、调整产业结构等工作,使得化工产业园区在规范化、绿色化发展等方面取得较大进展,进入科学发展的新阶段。

根据类型特点,化工园区大致可分为四类:一是以化工为单一主导产业,属于专业化工园区;二是在开发区、高新区内设立相对独立的化工园(区),属于开发区、高新区的一个专业功能区;三是在开发区、高新区内拥有化工生产企业,但与其他类型企业混杂分布;四是简单的化工集中区,企业较分散,相互间没有直接联系,也没有统一集中的公用工程体系。

根据中国石油和化学工业联合会的调研结论,截至 2017 年底,全国重点化工园区或以石油和化工为主导产业的工业园区共有 601 家,其中国家级化工园区有 61 家,省级化工园区有 315 家,地市及县级化工园区有 225 家(见表2.1.1)。化工园区数量前五位的地区为山东、江苏、湖北、河南、山西。

表 2.1.1　我国化工产业园区分布情况(2017 年统计结果)　　单位:个

地区	化工产业园区数量	级别及数量				类别及数量			
		国家级	省级	地市级	县级	1 类	2 类	3 类	4 类
北京	1	—	1	—	—	1	—	—	—
天津	3	1	2	—	—	3	—	—	—
河北	16	2	13	1	—	13	3	—	—
山西	36	—	12	24	—	10	—	26	—
内蒙古	36	—	23	13	—	27	9	—	—
辽宁	13	4	5	4	—	13	—	—	—
吉林	8	2	3	3	—	2	2	1	3
黑龙江	12	2	7	1	2	5	2	3	2
上海	4	1	3	—	—	2	—	1	1
江苏	55	3	18	33	1	21	21	8	5
浙江	22	7	7	6	2	8	4	10	—
安徽	25	—	15	9	1	6	15	2	2
福建	7	—	6	1	—	3	4	—	—
江西	14	—	13	1	—	6	3	5	—
山东	80	2	43	35	—	35	32	9	4
河南	40	1	31	8	—	23	7	10	—
湖北	46	3	11	28	4	14	22	10	—
湖南	14	1	9	4	—	2	—	12	—
广东	32	6	16	10	—	10	5	4	13
广西	4	1	2	1	—	—	1	2	1
海南	2	1	1	—	—	2	—	—	—
重庆	4	1	3	—	—	1	2	1	—
四川	18	1	7	9	1	6	4	2	6
贵州	17	—	12	5	—	—	12	5	—
云南	11	—	9	1	1	3	4	3	1
陕西	21	3	4	14	—	—	4	4	13

续表

地区	化工产业园区数量	级别及数量				类别及数量			
		国家级	省级	地市级	县级	1类	2类	3类	4类
甘肃	19	9	9	1	—	10	2	7	
青海	2	2	—	—	—	1	1	—	—
宁夏	7	1	6	—	—	3	2	2	—
新疆	32	7	24	1	—	9	17	6	—
合计	601	61	315	213	12	239	178	133	51

注:化工园区分为四类;1类为专业化工园区;2类为在开发区/高新区内设立的化工专业功能区;3类为在开发区/高新区内拥有化工生产企业,但与其他类型企业混杂分布;4类为化工企业较为分散的化工集中区,不符合园区概念。表中数据来自中国石油和化学工业联合会的统计,其中港澳台地区及西藏自治区未纳入统计。

我国化工园区发展速度快,但总体质量有待提升。目前,产值到达千亿元以上的园区有 14 家,500 亿～1 000 亿元的大型园区有 33 家,100 亿～500 亿元的中型园区有 224 家。100 亿元产值以下化工园区达 405 家,占我国化工园区总数的近 60%,体现出我国化工园区小而散、发展质量不高的特点。

"十四五"期间,我国将重点发展 18 个沿海石化园区、18 个内陆石化园区、4 个现代煤化工基地和 30 个专业化工园区,并培育产业集聚度高、相关产业协同促进的五大世界级石化产业集群。中国石油和化学工业联合会资料显示,2020 年,我国化工行业规模以上企业 22 973 家,较上年减少 362 家,化学工业营业收入 6.57 万亿元,同比下降 3.6%;利润总额 4 279.2 亿元,同比增长 25.4%;化工行业营业收入利润率为 6.51%,提高 1.51 个百分点。整体来看,2020 年国内化学工业效益实现显著增长。

2.1.3 我国化工园区的特点

1. 危险性

化工园区是化工企业的集聚地,园区内化工危险品种类多、密度大,容易引发重大危机事件,从而造成巨大的财产损失、人员伤亡及环境污染等问题。园区内企业密集,引进化学品种类繁多,园区内企业生产和使用的原料、中间体和产品绝大多数具有易燃易爆、有毒有害、腐蚀等特性。危化品的生产、使用、储存和运输等过程都存在风险,容易引发类别多样的事故。

2. 连锁性

化工园区作为一个系统,各企业为其子系统,每个子系统的风险会对整个工业园区其他子系统的安全构成威胁,尤其是火灾、爆炸、毒气泄漏等事故,容易产生连锁反应,影响周围企业。

3. 敏感性

化工园区一旦发生火灾、爆炸、毒气泄漏等重大安全事故,容易波及到周边的居民或流域等环境敏感点,从而引发和演变成较大范围的环境风险事故,"8·12"天津滨海新区爆炸事故就是一个惨痛的教训。

2.2 化工产业园区环境管理

2.2.1 国内外化工产业园区环境管理体系差距

经过几十年的发展,我国化工园区从无到有,目前典型化工园区主要分布于沿海、沿江等地区。近年来,随着化工园区的逐步发展和环境管理的新要求,环保管理部门在园区规划、项目引进、风险管控、污染防治等多方面都提出了新的环保要求,经过一系列的产业和环境治理提升工作,现有化工园区的环境管理工作已取得了相当的成效,但与国外发达国家的环境管理体系相比仍存在不小差距,主要体现在以下几个方面:

1. 管理模式和政府引导

我国大部分化工园区管理模式大体可以归纳为三种类型:政府型、混合型、公司型。在园区建设的早期,往往采取政府型管理模式。在园区逐渐进入正常运营和管理阶段后,化工园区会使用混合型管理模式,如政企合一或政企分开的管理模式,公司型管理模式较少。公司型管理模式出现在一些成熟的园区,以利润和服务为导向,一般规模不大。政府对园区的发展导向和产业引进主要根据不同时期的经济发展需求,而不是根据固定的产业发展方向规划引进项目。

发达国家化工园区以产业集聚为基础,园区内各个企业关联性强,分工协作程度高,政府产业政策在产业集聚过程中起到了重要的引导支持和推动作用。另外,政府在化工园区发展规划的制定和基础设施建设方面也有着重要作用。例如在 20 世纪 60 年代,法国政府就有计划、有步骤地制定和实施了一系列工业园区"指导方案"和区域经济发展"远景规划",确定了法国西南部、中央高原和东北工业园区的发展规划,根据世界产业发展趋势,将企业投资引导到所要发展的重点上。

我国化工产业园应针对化工园区经济发展和环保管理水平参差不齐的现状,制定和实施差别化环境管理制度,完善园区的分类分级评定,制定分类、分级、分期管理目标和体系,指导不同发展阶段的化工园区开展环境规划化管理建设。

2. 一体化发展模式

发达国家化工园区多采取一体化发展模式,园区有明确的产业定位和发展方向,规划着眼于中长期,有利于基础设施和能源资源的有效利用。而我国化工园区的引进和发展缺乏中长期可持续发展模式,规划随着经济形势的变化波动大,各园区产业结构不明确、特色性不强,不利于产业的引进和管理。

我国化工产业园应根据园区建设现状及区域经济发展转型趋势,合理制定园区相关规划。立足长远发展趋势,制定可行的、分阶段的、持久的指导规划。借鉴国内外产业一体化发展优势和经验,结合区域经济需求和发展方向,引进和建设相关产业。

3. 风险管控

在风险管控方面,我国相关研究尚处于起步阶段。虽已取得一些成绩,但与发达国家的管理水平和理念仍有差距。风险管控措施的有效性及对应急事故的响应和处理制度尚不够健全,在实际指导环境风险管理方面存在一定不足。虽然先后开展了风险评估及应急预案的编制工作,但风险防范、应急响应和事故处理的针对性不强,没有结合各区域的环境问题、可能存在的环境风险类型、周围环境敏感点分布、气象条件等实地因素进行风险防控工作,对实际环境风险管理工作的指导作用欠佳。

发达国家对环境风险管控的研究起步早,化工园区已形成了一套较为完善的突发性重大环境污染事故应急决策系统,包括决策制定流程、重要的决策支持技术、防控风险对环境的影响等诸多方面。美国对各类环境污染事故的应急处理技术作了最为全面、详尽的研究,并针对各类典型情况形成了规范性的综合处理流程和技术文件。其定量风险评价技术非常成熟,针对重大危险源的控制和土地利用规划主要根据《清洁空气法》和2004年的《工厂选址与布局指南》,重大危险源必须进行场内危险评价和场外后果分析,并形成

《风险管理计划》。荷兰在定量风险评估方面也取得了相当的研究成果,使用定量风险评价法计算个人风险和社会风险,依据风险的大小将土地分为四类区域:一区是不许建设,对于已存在的建筑也要废弃;二区是不许建设,已建成需要新建筑替代;三区是限制开发新建筑;四区是可以开发新项目。

我国化工产业园应完善风险管控机制,建立生态环境控制考核系统。近年我国风险管理政策从污染控制型政策逐步转向以环境质量改善和环境风险防控为目标。针对化工园区风险管控,应重视化工园区内部风险因素的识别和分析,构建化工园区企业风险度评价模型、应急体系,结合各区域的环境问题、可能存在的环境风险类型、周围环境敏感点分布、气象条件等实地因素进行风险防控工作,制定有针对性、可实施的风险管控措施。

4. 污染防治与环境守法

目前我国不同地区化工园区环境管理水平参差不齐,部分园区环境管理力度不够,一些规模较小或分散式的化工园区对环境基础设施建设重视程度不够,造成了偷排漏排、破坏当地生态环境等后果。

德国等一些国家按照"减量化、再利用、资源化"的"3R"原则,运用循环经济发展模式着手建设工业园区,将园区经济建设和环境保护建设相结合,并取得一定成效。法国鼓励工业园区进行生态建设,对参与工业园生态建设的企业、科研机构、民众实施补偿金制度。德国鲁尔工业园区采取限制污染气体排放、建立空气质量监测系统等有力措施改善了一度被破坏的环境。

我国化工产业园应完善环境监管机制,提高环境监管水平。利用"互联网+"技术,发挥互联网在环境监管领域的技术优势,提高化工园区环境监管有效性。一方面,实现化工园区内部环境、安全、公安等监测监管网络一体化建设,整合和共享平台信息,指导园区日常管理和风险防控工作。另一方面,改变传统封闭的监管模式,形成管理主体和社会主体基于信息共享的公管体系。

2.2.2 化工产业园区存在的主要问题

1. 园区选址环境合理性分析不足

化工园区生产常涉及有毒有害、易燃易爆、易挥发的化学物质,因此化工园区选址须科学严谨。但仍有不少园区选址不合理,不顾原环境保护部发布的《关于加强化工园区环境保护工作的意见》中关于"园区的设立应符合区域产业定位,禁止在人口集中居住区、重要生态功能区、自然保护区、饮用水水源保护区基本农田保护区以及其他环境敏感区域内设立园区"的规定,出现园区建设与区域产业发展定位不符的情况,化工园区建立在人口相对集中的城区,将会严重影响生态功能的正常发挥,不但威胁着当地的农田水利工程,还会给当地百姓的身心健康造成不利影响。同时,由于缺乏区域统筹的产业布局规划、园区规划环评落地难等原因,导致长江经济带多地形成了"重化工"围江局面,存在较大环境风险隐患。当前,国内的很多化工园区缺乏对布局的合理规划,存在基础设施薄弱、管理责任不清、技术力量薄弱等问题,具体包括:未建成污水集中处理设施并安装在线监控装置,污水管网未覆盖全部区域,无固废集中处理设施;有毒污染物难以有效去除,高盐高浓度废水处理不当,恶臭气体排放强度高,工业固废(危废)风险较高;园区管理机构环境管理意识不清,园区环境管理档案缺失,园区专职环境管理人员少,技术薄弱等。

2. 园区入园标准不完善

当前,在一些较为大型、成熟的化工园区建设管理中,已形成相对完善的产业链和相应的配套体系,在园区建设中找到与其发展相适应的定位,并制定相对严格的入园标准。但部分中小型化工园区规划、筹建时间短,制度建设滞后,普遍存在入园标准不合理、不规范的情况。特别是一些园区在招商引资时,往往过于重视经济效益的获取,忙于完成政绩,对当地资源开发的合理性、环境的实际容量和化工企业的污染程度和产品结构的平衡性等不够重视,忽视当地资源禀赋、环境容量、污染程度、项目技术适用性和先进性、园区内上下游产业链关联度等因素,导致园区存在高质量企业少、技术含量低、污染严重、产品单一、相互间协同性差等问题,同时安全环境主体责任没有得到有效落实。这对园区发展质量的提升十分不利,在一定程度上影响了园区管理成效。

3. 园区安全环保压力大,环境应急能力不足

化工行业的特殊性要求园区在管理过程中必须加强对从源头原料到生产成品、从运输到经营管理的各处细节的严格管理,由于每个部分都可能存在污染隐患,特别是一些产品具有有毒、易燃易爆等危险因素,因此,给相关企业和人员带来了较大的安全与环保方面的工作考验。加之部分地区存在园区规划不科学、园区布局不合理、环境应急基础设施相对薄弱、管理不规范、制度标准不健全、监督审核不严、企业开展隐患排查和整改积极性不高等问题,注定了园区在应对突发事件时管理能力不足,在一定程度上提升了安

全和环境风险等级。近年来,随着城镇化建设的不断推进和工业化步伐的加快,部分化工园区与城区的安全距离进一步缩小,安全环境隐患增大。甚至一些园区位于环境敏感区,犹如定时炸弹威胁着生态环境,成为一个重要隐患。此外,生产设备的大型化、布局密集化以及区域发展也使化工园区的安全环境风险隐患增加。

4. 有毒有害化学品管理不到位

对于化学品管理,我国长期以来的监管重点都是"危险化学品",其显著特性是易燃、易爆、急性、毒性等。而需要注意的是,很多人类社会广泛使用的化学品一般都不具有显性的"毒性"或"危险性",但是它们在很低的浓度水平也会对生态环境和人体健康产生长期潜在的危害性影响。当前,形形色色的化学品广泛存在于人们的日常用品和周围环境中,我国的化学品管理体制尚未充分跟上世界化学品管理的发展潮流,化学品管理制度体系发展长期滞后,管理制度和力度有待进一步完善提升。

目前,不少地方危险化学品管理及废水特征污染物排放监管不到位,大多数化工园区对有毒有害化学品生产和使用种类、数量等信息不掌握,对有毒有害化学污染物的排放、转移和污染情况不明晰,且对有毒有害化学品和污染物缺乏有效监测手段,存在较大风险隐患。另外,目前我们关注的仅是危险化学品安全事故引发的环境污染事故,缺乏针对有毒有害污染物的毒性存在的持久性、长期风险和对人体健康的影响的研究。一些化学品具有致癌、致突变特性和生殖毒性,或具有持久性、生物蓄积性,这些化学品一旦进入环境,可能对生态环境和人体健康带来不可逆转的损害。

5. 环保技术力量薄弱

化工园区对安全环保人员的业务能力和管理手段要求较高,需要管理人员具备较强的专业技能,并能识别环境和安全风险点,管理手段除了环境监测和处罚外,还应包括前期预防和生产使用环境的限制、控制。但是目前很多化工园区环保和安全技术力量薄弱,管理队伍远不能满足化工园区规范化管理的要求。

2.2.3 化工产业园区环保工作建议

1. 增强化工园区选址的合理性

由于化工园区高风险、高污染的特征,必须将环境因素作为园区选址的一大要素予以考虑和落实,重点考虑"红线"和"距离"两个核心要素,明确园区选址的主要环境制约因素。"红线"即化工园区应避开环境敏感区和生态脆弱区,并严格执行《建设项目环境保护管理条例》的相关要求。"距离"即化工园区必须与敏感区域预留出足够的距离,包括外部距离、防火间距、安全防护距离、安全距离、外部完全防护距离、卫生防护距离、大气环境防护距离等,均须满足相关要求。

2. 完善和规范园区项目准入制度,以现代信息技术为依托打造"智慧、绿色、低碳"发展新模式

园区产业定位应符合国家和地方产业政策、行业发展方向以及所在区域整体布局。要建立健全化工园区科学评价考核体系和项目准入制度,基于是否符合地方资源禀赋、园区产业链特征、地方经济发展需要、安全环保、工艺适用性等指标,全面客观评价申请入园的项目。园区准入制度要详细量化各项指标要求,严禁技术落后、高污染、高耗能,以及不符合相关产业政策和布局要求的项目进入园区。

根据国家统计局能源统计数据和环境统计数据测算,2020 年我国石化和化工行业碳排放总量为 13.78 亿 t CO_2,占全国碳排放总量的 13% 左右。化工园区已成为我国石油化工行业规模化发展的主战场,也是行业"双碳"工作的主阵地,做好化工园区的减碳降碳工作,将为行业"双碳"工作提供强有力的支撑。"双碳"时代,化工园区现代化治理体系治理能力构建及发展面临着安全、环保、应急、绿色低碳的挑战,新时代的化工园区应做好市场发展需求分析,以现代信息技术为依托,通过"环保管家线下治理诊断+智慧园区线上智能分析+环保云大数据一体化治理",着力构建"智慧、绿色、低碳"的新型第三方服务模式,在多个化工园区赋能园区治理持续创新,为园区带来可感知、可管控、可治理、可提升、可持续的变化。面对社会各项发展因素的考验,化工园区应与时俱进谋发展,加快转型升级,不断朝着智慧化园区新方向迈进,学会在危中寻机,积极推动绿色创新,通过提供环保管家综合服务模式,帮助用户提质增效,提升特殊时代背景下园区的持续优化运营;同时在工业园区新型第三方服务、特征污染物微量控制与资源化等重点领域进行战略布局,携手客户与合作伙伴,持续通过"场景生态化、科技创新化"释放价值,助力园区管理者打造"智慧、绿色、低碳"发展新模式,为推动行业可持续发展、构建低碳社会持续注入动力。

3. 加强园区有毒有害化学品的管控，完善危废精细化管理

根据危害程度的不同，对化学品采取分类管理。对于具有急性毒性、易燃易爆等特性的危险化学品，制定风险防控及应急措施，推动制定和实施规范化、专业化的应急处置办法。对于具有持久性和慢性毒性的化学品，特别是具有致癌、致突变或生殖毒性的化学品，应结合危害和暴露信息，评估环境和健康风险，确定风险等级。对于风险可控的化学品，应针对排放和释放的环节，制定污染控制措施，减少此类物质的排放。对于风险不可控的化学品，应尽可能地限制生产和使用。此外，对含有剧毒物质的废水，应实行分类收集和分质处理，鼓励回收利用。

目前，环保要求日趋严格，公众环保意识日渐提升。在化工园区的整个废弃物管理中，最关键的就是危险废弃物的信息化管理系统，要提升其管理成效，应在信息管理方面从客户登录到编制整个流程再到进场接收，保证整个流程中的安全性和所有废弃物信息的准确性，进入仓库后可以准确找到它的仓位、数量、种类、主要元素及含量，通过大数据的测算可以根据废弃物的热值配伍进行处置，从而降低处置成本，提高整个项目的运营效率。此外，还可为园区提供包括场地修复、现场危废管理、应急响应，以及水务和能源管理等在内的现场服务，为化工园区企业的绿色、持续发展提供全方位的解决方案。

4. 加大监管力度，加强园区应急体系和应急能力建设

要加强对化工园区环境监管的有效性，环保部门要提前介入，建立环境监控体系、安全监控体系和安全环保管理部门，配备专业的安全监管队伍和环境监察队伍，做好日常监测、监管工作，通过定期开展全面污染源、环境质量监测的方式，提前制定应急预案，进一步加大监管力度，降低环境风险。

此外，化工园区还应建立统一的应急响应中心，将接处警、指挥、辅助决策和信息系统集于一个平台，通过综合功能来实现风险管理，在完善风险管控体系的基础上，提前制定针对有毒有害气体、污染废水等环境污染和火灾、爆炸、泄漏等多级的风险防范措施，形成统一的总体应急预案和各专项应急预案，通过定期演练来不断完善预案，以降低重大污染事故的发生率，减少环境风险。

建立园区一体化应急和救援工作机制，建立园区管理机构与企业、企业与企业、企业与专职救援队伍之间的应急联动机制，通过园区应急响应中心，

统一处置园区内各类突发事件。园区要编制和完善突发环境和安全事件应急预案和制度,组建专业的环境和安全应急管理技术队伍和部门,并由园区主要领导负责,其主要工作内容应包括建立和落实园区环保和安全制度、环保和安全监管、组织突发环境事件定期应急演练等。

5. 加强化工园区环保技术支撑力量

由于化学品和特征污染物环境管理及风险防控专业性强、技术难度大,园区自身难以提供足够的技术支撑,鼓励园区引进第三方专业环保综合服务,为园区提供规划咨询、技术服务、环保宣传教育、运营监督管理等环保服务和解决方案。同时,园区应配备化学品相关管理和技术人员,管理和技术人员应了解我国化学品环境管理相关政策法规,熟悉化学品风险,并能对企业进行指导。

6. 完善环保相关基础设施,做好园区规划环评工作

化工园区应完善环保相关基础设施建设,适时采取相对封闭式管理,设立合理的专业消防设施、污水处理设施和危险废物处置设施等。并应有效控制园区的污染物排放,在持续减排中逐步改善园区的环境质量。通过引入产品项目、公用辅助、物流传输、安全环保、管理服务等五个"一体化"发展理念,将清洁生产、资源综合利用、可持续发展等融为一体,统一规划管理,集中建设污水处理厂、危险废物焚烧厂、资源回收综合利用厂、防护林、人工湿地实验系统等环保基础设施,以强化环境管理保障。

在化工园区的建设和环境管理过程中,可借鉴世界著名化工园区的成功案例,如:新加坡裕廊、韩国蔚山、比利时安特卫普等,对标国际标准,一切从高从严建设生产。在环境管理中,化工园区应提前对相关区域和规划进行环评,严格准入标准,细化安全环保准入清单,对环评中不能达到审查标准的企业,不得准许其进园。

2.3　产业园区规划环境影响评价

2.3.1　产业园区规划环评简介

工业园区,也称产业园区,是指经各级人民政府依法批准设立,具有统一管理机构及产业集群特征的特定规划区域,主要目的是引导产业集中布局、

集聚发展,优化配置各种生产要素,并配套建设公共基础设施。经过了几十年的探索、发展,我国工业园区经历了从无到有、从小到大、从功能单一到多元化、从分散到集中、从无序到专业化园区的发展过程,在推动国民经济发展及环境改善中起着越来越重要的作用。我国工业化的发展已经越来越快,而传统的发展模式终将会被现代化的发展模式所取代,环保型生态园区的建设已经成为一种趋势,而对其展开规划环境影响评价也是十分必要的举措,这不仅对于园区的发展有着很大的帮助,对于国家经济水平的发展与环境的保护也意义重大。自《关于进一步做好规划环境影响评价工作的通知》(环办〔2006〕109 号)实施以来,各类园区规划环评工作明显加快,特别是原环境保护部《关于加强产业园区规划环境影响评价有关工作的通知》(环发〔2011〕14 号)印发后,园区规划环境影响评价工作快速推进、逐步完善,在引导产业布局、优化产业结构、强化环境保护、降低环境风险等方面发挥了重要作用。《关于进一步加强产业园区规划环境影响评价工作的意见》(环环评〔2020〕65 号)的发布,进一步明确了开展产业园区规划环评的相关要求。

随着我国要求工业园向资源节约型、环境友好型战略目标出发,为加强对规划的环境影响评价工作,从源头预防环境污染和生态破坏,促进经济、社会和环境的全面协调可持续发展,我国制定了《规划环境影响评价条例》,并于 2009 年 10 月 1 日起施行。不同于建设项目环境影响评价,规划环境影响评价主要是针对一定区域和范围之内的大面积有规划的建设而进行的环境影响评价工作。相对于建设项目环境影响评价而言,规划环评的实施对经济效益、社会效益与环境效益之间以及当前利益与长远利益之间的关系具有更加深远和积极的意义,真正从源头上起到保护环境、预防污染的作用,能够促进区域的经济、环境、社会持续协调发展,使园区持久地保持良好的生态和投资环境。

近年来,工业园区规划环评已在全国范围内全面展开。工业园区规划环评主要是对工业园区所在区域的资源环境承载力进行分析,对该区域内水土资源、大气环境、固体废弃物、总体空间布局、城市发展定位、生态功能区等要素之间的相互关系进行科学评价,并根据评价结果采取相应的预防措施,使工业园区的规划要素更趋合理,对园区的可持续发展具有积极意义。

目前,指导产业园区规划环境影响评价工作的主要技术导则有《规划环境影响评价技术导则 总纲》(HJ 130—2019)、《规划环境影响评价技术导则产业园区》(HJ 131—2021)。《规划环境影响评价技术导则 总纲》(HJ 130—2019)中明确提出,在规划实施过程中可能会产生显著环境影响的规划方案,在编制规划方案过程中,需要对其进行环境影响评价,有效管控规划方案的不稳定性,并从资源、环境、生态影响等方面做好规划实施的全过程跟踪检测。规划环评需要在规划分析及环境现状调查分析的基础上,对规划造成的环境影响进行预测、分析和评估,并提出预防或减轻不良环境影响的对策和措施。结合规划分析及其环境影响分析预测的结果,对工业园区规划受影响区域的大气、水体环境容量及主要资源能源承载力进行分析,从承载力角度对区域支撑规划实施的合理性和可行性进行分析。提出规划调整建议,对工业园区的产业结构、产业规模、功能布局调整提出科学合理建议,最后得出规划环评结论。

在工业园区规划环评过程中,应该全面分析和重点分析相结合,对该规划涉及的重点问题进行重点分析。其主要内容包括:工业园区规划是否符合相关产业、环保政策及相关规划要求;产业结构、规模、布局是否合理合适;规划实施是否有敏感制约因素,能否采取相关措施克服或避免;工业园所在区域大气、水体是否受到影响,及该区域资源、能源承载力能否满足环境容量要求;环境影响分析预测结果是否满足环保及环境容量相应要求,采取的环保基础设施建设是否满足园区发展,及能否保障落实。

2.3.2 产业园区规划环评内容

规划环评的根本目的是协调社会经济发展与环境承载力的关系,实现以最小的环境损失和影响来获得最大的经济利益和社会效益。工业园区规划环评应坚持重点分析评价与全面分析评价相结合,对其中的重点问题要作重点分析评价,具体来说,主要包括以下内容:

(1) 规划分析(是否符合相关产业、环保政策及规划要求);

(2) 环境现状及区域污染源分析;

(3) 资源环境承载力分析;

(4) 环境影响分析预测与评价;

(5) 规划替代方案与环境影响减缓措施。

结合工业园区建设实际,以及规划环评的具体要求,工业园区规划环评的主要思路如下:

（1）规划分析。对工业园区规划方案的定位、目标、功能以及产业布局进行全面分析，并对照国家、地方的产业政策相关内容，全面分析规划园区的选址是否符合上层规划，对规划造成的环境影响进行预测、分析和评估，提出预防和减轻不良环境影响的对策措施。

（2）资源环境承载力分析。资源环境承载力分析是在调查规划区环境现状和分析已入驻企业排污状况（参考污染源普查/统计数据、具体的项目环评及验收监测报告等）的基础上，计算或对比分析出该工业园区的大气环境容量、水环境容量、固体废弃物填埋场承载能力、土地资源承载力、污水处理厂承载能力、生态环境适宜性等内容，并与区域总量控制规划相对比，以明确区域的资源环境是否有能力足以支撑该工业园区的建设，从资源承载力的角度来对工业园区的区域支撑规划实施的可行性进行分析。

（3）环境影响分析预测和评价。在对园区污染源规划分析的基础上，对园区的各种污染物进行分析和预测，并提出相应的防治对策。

（4）提出规划调整建议。就是在完成前面相关工作的基础上，针对规划方案中可能产生的污染源，结合工业园区的区位优势、环境特点、环境承载力的状况等，就园区规划提出相应的调整、优化建议。例如，在技术和经济允许的情况下，考虑在园区实施中水回用技术。为遵循节能环保理念，建议工业园区建立相应的废物流动信息库，实现信息资源共享，提升园区内的废物重复利用效率。

2.3.3 产业园区规划环评存在的问题及对策

随着园区的快速发展，园区类型和责任主体日趋多样化，园区规划类型不统一，用地范围和用地性质变动较大。同时，入园建设项目环评"放管服"改革不断深入，尽管园区规划环评相关政策不断完善，但规划环评执行过程中仍存在尚未明确和难以把握的问题，导致规划环评实际工作思路、工作范围、工作方法等不统一，甚至大相径庭，造成了规划环评管理上的混乱，并直接或间接引发、加剧园区环境问题。

1. 我国产业园区规划环评管理现存主要问题

（1）应开展规划环评的园区类型不完备。我国园区众多，类型多样。根据六部委发布的《中国开发区审核公告目录》（2018年版），国家级园区主要有经济技术开发区（经开区）、高新技术产业开发区（高新区）、海关特殊监管区

（保税区、保税港区、综合保税区、出口加工区、物流园区）、边境/跨境合作区及其他类型开发区（贸易区、旅游度假区、投资区、台商投资区等），近年又新增了自贸区、自创区等。省级园区中，除经开区、高新区外，还有工业园区、示范园区、产业园、产业基地等，市县级园区以工业园区为主，但类型和名称多样。环境保护部《关于加强产业园区规划环境影响评价有关工作的通知》（环发〔2011〕14号）中提出国务院及省级人民政府批准设立的经开区、高新区、保税区、出口加工区和边境合作区应开展规划环评工作，但其余类型园区，特别是涉及工业发展的园区是否应该开展规划环评却未明确。实际工作中，各地做法不一，一些应开展规划环评的园区却并未开展或及时开展。

（2）应开展规划环评的规划类型不明确。目前我国园区规划体系不统一，规划环评对象不一，既有总体规划，也有控制性详细规划、产业发展规划、概念性规划、专项规划等多种规划。近年发布的地方开发区条例中，山东省（2016）要求园区编制经济开发区经济和社会发展规划、年度计划和有关专项规划，江苏省（2018）、辽宁省（2018）、江西省（2019）要求园区编制产业发展规划，辽宁省要求园区在发展规划的基础上同时编制控制性详细规划，山西省（2019）要求园区编制总体规划和控制性详细规划，天津市（2019）要求园区编制总体规划和有关专项规划，湖北省（2019）要求园区编制综合发展规划。然而，尚有部分园区无专门的规划，指导园区发展的是城市总体规划或控制性详细规划；部分园区甚至没有规划，规划环评缺少对象；部分园区涉及多种类型规划，规划机关和环评单位不清楚何种规划应当开展规划环评；还有的园区总体规划开展了环评工作，控制性详细规划、产业发展规划或专项规划是否需要开展环评工作尚无文件明确规定。这些问题既影响了园区规划环评的开展，也不利于规划环评成果落地。

（3）随意扩区造成规划环评范围不统一。随着城市化和工业化的快速发展，园区范围扩张或调整非常频繁，一些园区少则扩张几倍，多则扩张十几倍或几十倍，一些原本不相连或无关系的园区进行了合并，一些园区管理机构进行了重组，于是出现了国家级园区中包含国家、省、市级园区，省级园区包含省、市级园区的现象，甚至还有一些国家级、省级园区还包含了县级园区或产业聚集区、工业集中区等，但园区名称以园区内最高级别的片区命名。对于此类园区，是严格按国家、省级批复的范围开展规划环评，还是按园区实际管理范围开展规划环评，是近年来困扰环评单位和审查机关的常见问题。部分园区按照国家、省级批复范围开展了规划环评,部分园区则按照实际管理范围开展了规划环评,前者因为范围小且多已开发完毕,规划环评作用有限,后者又缺乏政策依据。此外,一些海关监管区"嵌套"在经开区、高新区内,是单独开展规划环评还是由后者统一开展也无定论。

(4)园区环境保护责任主体和主体责任不清。不少园区管理机构不清楚园区环境保护的责任主体,更不清楚自身在环境保护方面的主体责任。有的园区管理机构主要职责是招商引资,其下设环境管理部门的职责更多的是"跑"环评手续,有的园区则没有设置环境管理机构。以长江经济带涉化园区为例,提供统计数据的 352 个涉化园区中,有 24.4% 的园区未设置专门的环境管理机构。已设置环境管理机构的园区中,中上游地区园区环境管理人员普遍偏少,其中上游地区仅 3~4 人,专业管理人员更是匮乏。一些园区认为园区内的环境保护工作应由当地生态环境主管部门负责,企业的环境保护工作由企业业主负责。如此造成规划环评难以有效落地,甚至成为"摆设",规划布局随意调整、基础设施建设滞后、环境管理能力偏弱等是常见问题。

(5)规划环评与"三线一单"和项目环评等制度的联动不够深入。2020 年底,全国已完成"三线一单"(生态保护红线、环境质量底线、资源利用上线和生态环境准入清单)成果入库,作为空间和产业特征明显的园区,其规划环评与区域"三线一单"的关系还不够明确,比如涉及园区的生态环境准入与规划环评中的准入之间的关系,如何指导下一轮规划和规划环评编制,以及规划环评如何简化等。尽管园区规划环评相关法律法规和技术规范均对规划内项目环评提出了简化要求,但总体看,简化内容多是原则性的要求,实际工作中难以操作。在"放管服"背景下,一些地方探索开展了项目环评简化审批甚至豁免的管理改革,但多未提出项目环评简化的具体内容,且缺乏对内容简化、评价等级降低的项目环评质量和豁免后环境影响的跟踪评估,项目环评简化存在一定风险。党的十九届四中全会明确了排污许可制在固定污染源监管制度体系中的核心地位,对于一些专业园区或包含近期具体建设项目的园区,其规划环评与排污许可之间的衔接关系尚属空白,亟须研究和实践。

2. 强化产业园区规划环评管理的对策建议

(1)优化调整需开展规划环评的园区类型。我国园区类型种类众多,产业各异,其环境影响和风险也大小不一。因此,应对园区进行合理分类,有的放矢,有所为有所不为。对于环境影响较大的经开区、高新区、各类产业聚集区、工业集中区、工业园区等,应重点开展规划环评,明确生态环境准入,加强生态环境保护,优化产业布局,推进产业结构升级。对于以简单的加工、组装和物流等业务为主的园区,如区域"三线一单"已分析了园区所在区域污染物减排潜力,提出了明确的生态环境准入要求,或者园区已开展了区域评估,可以不纳入规划环评。对于其他类型的园区,可根据规划产业的环境影响及园区选址的环境敏感性决定是否开展规划环评。

（2）合理确定需开展规划环评的规划类型。考虑到规划类型多样,建议规划环评对象不要局限于规划的名称,应重点关注规划的开发建设活动,规划内容应涉及园区的发展定位、战略目标、产业安排、空间布局、环境保护等。因此,规划环评对象可以是总体规划、控制性详细规划、产业发展规划,也可以是城市规划中的相关规划,只要体现出上述内容即可。但根据大部分规划内容来看,以总体规划居多。对于没有具体划定规划类型的地区,宜采用总体规划。考虑到控制性详细规划、产业发展规划、专项规划等是对总体规划的细化,如果园区总体规划已开展了规划环评,其控制性详细规划、产业发展规划、专项规划等则无需开展规划环评。对于园区无总体规划而依托城市总体规划编制的控制性详细规划或产业发展规划,如该规划不包含上述规划内容,应及时编制园区开发建设规划,并开展相应的规划环评工作。

（3）科学界定园区扩区后规划环评范围。综合考虑园区规划环评的合理性、有效性与行政风险,基于环境集中管理和系统保护角度,对于由同一机构管理的园区,特别是集中连片的园区,宜按照园区实际管理或规划范围纳入规划环评,统一进行环境管理。同时为规避行政风险,减少园区随意扩区的行为,按照实际管理范围开展规划环评应满足以下四个条件:一是园区扩区要有合规性,有明确的地方政府批准同意扩区的文件;二是规划范围内各园区或片区管理权限同属一家机构,且该机构对规划范围内所有园区均可实施有效的环境管理;三是开展了统一的园区开发建设规划,如各园区/片区规划时限、类型、要求不统一,不宜统一开展规划环评工作;四是各园区或片区属于同一地区,对于"嵌套"在经开区、高新区里的海关特殊监管区,建议由经开区、高新区统一开展其规划环评工作。

（4）细化并明确园区对规划环评的主体责任。园区管理机构对园区环境保护工作负总责,当然也是园区规划环评工作的责任主体,有责任执行和落实规划环评,推动园区环境质量改善。其主体责任一般包括:及时组织编制园区开发建设类规划,依法开展规划环评和跟踪评价工作;严格落实规划环评提出的园区生态准入要求,不引入不符合准入条件的项目,并尽快完成现有产业的升级、改造、搬迁、淘汰和现有生态环境问题的整改工作;按照区域环境质量改善要求,认真落实园区内污染物总量控制指标和减排任务;落实园区环境风险防范要求,从规划的产业、布局、结构、规模等方面做好园区风险防范工作;加快完成需自建的污染物集中处理处置、集中供热供气、环境风险应急等环境基础设施建设;建立园内企业污染物排放和环境风险监控体系,建立园区各环境要素的长期跟踪监测体系,为环评"放管服"改革和规划环评与项目环评联动提供数据服务。

(5)强化规划环评与"三线一单"和项目环评等的衔接联动。园区规划环评应落实所在省级、市级"三线一单"区域层面的管控要求,落实区域生态保护红线,衔接区域环境质量底线、资源利用上线和污染物允许排放量,细化和完善"三线一单"生态环境准入内容。区域"三线一单"应动态调整园区产业发展和生态环境准入要求。对选址、产业准入、污染物排放管控符合"三线一单"要求的园区,其规划环评可在符合性分析、区域环境承载力估算等方面适当简化。对于面积为数十甚至上百平方公里的园区,或者周边一定范围内污染物排放较小的园区,其规划环评可结合区域空间生态环境评价,对大气网格或汇水单元划定进行精细化处理,将区域主要污染物允许排放量细化到园区。项目环评应将规划环评结论作为重要依据,对于园区规划环评已通过相应生态环境主管部门组织审查且其提出的规划方案优化调整建议已被采纳的,满足准入条件的建设项目应重点核算污染物排放总量,预测分析环境影响和环境风险,并提出相应的环境保护和风险防范措施。可探索推进快速环评,对于一些专业园区,其项目环评可以在环境影响预测、环境保护措施等方面予以简化或利用规划环评成果。对于专业园区和包含具体建设项目的园区,探索建立园区规划环评与排污许可的衔接关系。

3

研究区基本情况和规划环评任务由来

3.1　研究区基本情况介绍

本次研究的化工产业园区为江苏某化工园区。该化工产业园区自成立起,经过多年的建设与发展,已形成了完备的区内交通网路,供水、供热、供气、污水处理等基础设施建设齐全,生态环境、景观质量良好,环保配套建设日益完善。研究区担负着所在辖区乃至地级市化工产业聚集发展、绿色发展和高质量发展的重任,为城市发展和环境建设做出了积极贡献。

3.2　规划环评由来及目的

化工园区是以产业空间集聚来合理配置生产要素,实现化学工业的集约化和可持续发展,对于土地和资源的集约利用、环境集中治理、安全统一监管,以及事故应急响应和上下游产业协同发展,特别是对推动企业技术进步、管理创新、产品结构调整和促进区域经济绿色、协调发展,具有十分重要的意义。

本次研究的化工产业园区,其前身为市政府批准建设的经济开发区,规划用地总面积为 9.9 km^2。项目环境影响评价报告书于 2007 年获江苏省环境保护厅(现江苏省生态环境厅)批复。为了进一步指导该化工产业园区未来发展和后期监管方向,市政府又相继发文,对研究区的归属、行政管理等问题进行了明确,并通过更名正式将其从性质上确认为化工产业园区。

对照国家及江苏省关于产业园区规划环境影响评价工作相关要求,该化工产业园区于 2012 年、2019 年分别开展了环境影响跟踪评价工作。鉴于该化工产业园区上一轮开发建设规划期至2020年，江苏省生态环境厅在接收环境影响跟踪评价报告书后，要求其开展新一轮开发建设规划。

由于前期建设中的盲目引进和不同时期环保管理尺度的差异，国内部分化工园区缺乏统一合理的建设规划，园区布局不合理，重复建设，各功能区混杂，规划变动随意，甚至存在安全环保隐患等问题。本次研究的化工产业园区的发展及环境管理现状也存在类似问题。为立足园区长远发展趋势，合理制定园区相关规划，解决特色产业不突出问题，承载起地区化工产业集聚发展、绿色发展和高质量发展的重任，借此契机，该化工产业园区委托编制了新一轮产业发展规划，规划期限至2030年，明确园区将进一步做精做强特色化工新材料，做绿做优医药大健康化学品产业，旨在以特色化工新材料和医药大健康化学品为突破口，通过产业结构优化和能级提升，打造现代化化工产业体系。

根据《中华人民共和国环境影响评价法》《规划环境影响评价条例》《关于进一步加强产业园区规划环境影响评价工作的意见》（环环评〔2020〕65号）、《关于进一步加强产业园区规划环境影响评价的通知》（苏环办〔2020〕224号）等国家和江苏省有关环境影响评价规范及管理要求，对已经批准的园区规划，在实施范围、适用期限、规模、结构和布局等方面有重大调整的，应重新开展环境影响评价。为此，该化工产业园区管理委员会委托专业机构开展本轮园区开发建设规划环境影响评价工作，一方面对上一轮规划方案及规划环评批复的执行情况、环境保护工作和环境影响演变进行回顾，分析上一轮园区开发过程中存在的主要环境问题，另一方面对本轮规划开发建设可能产生的环境影响进行分析评价，提出优化调整建议和对策措施，保证规划区良好的生态环境质量和投资环境。

4

评价依据和标准、评价因子、评价范围、评价重点的确定

4.1 评价依据和标准

1. 评价依据

本次研究以规划环境影响评价、环境风险评价等技术导则为基本依据和方向指引,从国家法规、部门规章、江苏省地方法规政策及规划文件,以及本次研究化工产业园区的历史沿革材料几个方面完善评价依据:①跟踪了各类导则标准的更新进度,补充了《江苏省地表水(环境)功能区划(2021—2030年)》(苏政复〔2022〕13号)、《环境影响评价技术导则 声环境》(HJ 2.4—2021)、《环境影响评价技术导则 生态影响》(HJ 19—2022)、《长江经济带发展负面清单指南(试行,2022年版)》等材料;②贯彻习近平生态文明思想,补充中央、省政府关于深入打好污染防治攻坚战的文件政策;③顺应推动绿色转型和高质量发展要求,补充《关于加强高耗能、高排放建设项目生态环境源头防控的指导意见》《国务院关于加快建立健全绿色低碳循环发展经济体系的指导意见》等绿色低碳减排政策;④结合化工园区内在属性及特点,针对该化工产业园区水气固污染物排放特点,包括挥发性有机物治理、危险废物管控、化工园区安全环保综合整治提升要求、风险应急防范等,补充相关政策要求。

2. 评价标准

环境质量标准方面,对照区域环境空气、地表水、声环境、土壤及地下水环境功能,《江苏省地表水(环境)功能区划(2021—2030年)》等材料,本次研究化工产业园区所在区域地表水、地下水、声环境质量分别执行《地表水环境质量标准》(GB 3838—2002)、《地下水质量标准》(GB/T 14848—2017)、《声环

境质量标准》(GB 3096—2008)。

土壤方面,根据功能特性,分别执行《土壤环境质量 建设用地土壤污染风险管控标准(试行)》(GB 36600—2018)、《土壤环境质量 农用地土壤污染风险管控标准(试行)》(GB 15618—2018),地表水底泥执行《土壤环境质量 农用地土壤污染风险管控标准(试行)》(GB 15618—2018)中"其他"标准,该标准没有筛选值的其他指标参照执行《土壤环境质量 建设用地土壤污染风险管控标准(试行)》(GB 36600—2018)第一类用地筛选值。

环境空气方面,由于本次研究对象为化工园区,区内企业涉及原辅料、产品种类较为复杂,对于《环境空气质量标准》(GB 3095—2012)中未规定的特征因子,需要参照国内外其他相关标准,包括《环境影响评价技术导则 大气环境》(HJ 2.2—2018)附录D、《苏联居民区大气中有害物质的最大允许浓度》、日本环境厅中央环境审议会制定的环境标准(针对二噁英)等。同时利用特定建设项目行业的环境影响评价技术导则规定的多介质环境目标值(MEG)、《大气污染物综合排放标准详解》推荐的计算方式进行补充。

污染源排放标准的选择则相对复杂,由于涉及种类繁多,因此需要形成统一的污染源排放标准执行顺序。《生态环境标准管理办法》(中华人民共和国生态环境部令第17号,自2021年2月1日起施行)中规定:"地方污染物排放标准优先于国家污染物排放标准;地方污染物排放标准未规定的项目,应当执行国家污染物排放标准的相关规定。同属国家污染物排放标准的,行业型污染物排放标准优先于综合型和通用型污染物排放标准;行业型或者综合型污染物排放标准未规定的项目,应当执行通用型污染物排放标准的相关规定。"因此,本次研究的化工产业园区废气污染源排放标准主要执行江苏省地方标准《化学工业挥发性有机物排放标准》(DB 32/3151—2016)、《恶臭污染物排放标准》(GB 14554—93)、《挥发性有机物无组织排放控制标准》(GB 37822—2019)、江苏省地方标准《大气污染物综合排放标准》(DB 32/4041—2021)等标准。已规定特别排放限值的行业标准则包括《石油化学工业污染物排放标准》(GB 31571—2015)、《合成树脂工业污染物排放标准》(GB 31572—2015)、《无机化学工业污染物排放标准》(GB 31573—2015)等。

此外,由于本次研究的化工产业园区涉及危险废物焚烧处置行业、集中燃煤供热企业,以及工业锅炉/炉窑,故本次评价阶段分别执行《危险废物焚烧污染控制标准》(GB 18484—2020)、《燃煤电厂大气污染物排放标准》

(DB 32/4148—2021)、《锅炉大气污染物排放标准》(GB 13271—2014)等相关
标准。

废水方面,间接排放企业执行园区集中污水处理厂接管标准,园区污水
处理厂尾水执行《城镇污水处理厂污染物排放标准》(GB 18918—2002)表
1 中一级 A 标准和《化学工业水污染物排放标准》(DB 32/939—2020)中的一
级标准。园区一般工业固废、危险废物贮存处置执行《危险废物贮存污染控
制标准》(GB 18597—2001)、《一般工业固体废物贮存和填埋污染控制标准》
(GB 18599—2020)等标准要求。工业区噪声排放标准按《工业企业厂界环境
噪声排放标准》(GB 12348—2008)执行。

4.2　评价因子

评价因子分为环境现状评价因子、环境影响预测因子和总量控制因子。
评价因子的选择要考虑现有及规划落地项目的排放、区域超标因子,还要考
虑潜在的污染因子。本次研究对象为化工园区,重点发展两个主导产业,即
特色化工新材料、医药大健康化学品,由于原辅料及产品种类复杂,涉及污染
物排放种类较多,评价因子须考虑园区现状典型特征污染因子。

关于特征污染物以及园区特征污染物名录库的确定,可追溯至 2016 年。
环保部《关于加强化工企业等重点排污单位特征污染物监测工作的通知》(环
办监测函〔2016〕1686 号)中要求"地方各级环保部门应建立特征污染物监控
体系,建立特征污染物名录库"。江苏省生态环境厅《关于进一步加强化工园
区水污染治理的通知》(苏环办〔2017〕383 号)、《省政府办公厅关于江苏省化
工园区(集中区)环境治理工程的实施意见》(苏政办发〔2019〕15 号)等文件均
要求建立园区特征污染物名录库。2019 年,江苏省生态环境厅《关于印发化
工园区(集中区)企业废水特征污染物名录库筛选确认指南(试行)的通知》
(苏环办〔2019〕39 号)的下发试行,进一步明确了特征污染物筛选确认工作的
技术方法。本次研究的化工产业园区响应国家、江苏省的相关要求,建立了
园区污染物特征因子名录库,并进行动态更新。本章节评价因子的确定在导
则的基础上,充分参照园区污染物特征因子名录库情况。

1. 大气相关因子

本次研究化工产业园区所在辖区的大气环境质量为颗粒物不达标区,颗

粒物作为大气环境重点管控指标应优先关注。

该化工产业园区内企业以医药化工、新材料企业为主,此外建设有配套危废处置企业、少量涉重企业等。对照现有企业及规划主导产业废气产排污特点,主要废气污染物涉及多种有机污染物(含挥发性及半挥发性污染物)、重金属、酸性无机废气、二噁英以及常规污染物等。

2. 地表水相关因子

该化工产业园区实行污水集中接管,污水依托园区集中污水处理厂进行处置。园区规划主导产业为医药大健康化学品、特色化工新材料。对照导则要求,地表水环境现状调查因子根据评价范围水环境质量管理要求、建设项目水污染物排放特点与水环境影响预测评价要求等综合分析确定。现状区域企业以化工企业为主,除企业正常职工生活废水外,多数企业涉及生产废水排放。废水污染物主要包括有机溶剂污染物、盐类、重金属以及常规因子等。同时对区域地表水底泥污染情况补充监测。

3. 土壤、地下水相关因子

根据《环境影响评价技术导则 土壤环境(试行)》(HJ 964—2018),土壤环境现状监测因子分为基本因子和建设项目的特征因子。根据调查评价范围内土地利用类型,基本因子选取《土壤环境质量 建设用地土壤污染风险管控标准(试行)》(GB 36600—2018)中规定的基本项目(45 项)。考虑到该化工产业园区现状企业分布类型及规划产业情况,补充部分现状特征因子。

同理,地下水方面参照《环境影响评价技术导则 地下水环境》(HJ 610—2016)要求,基本水质因子以 pH、氨氮、硝酸盐、亚硝酸盐、挥发性酚类、氰化物、砷、汞、铬(六价)、总硬度、铅、氟、镉、铁、锰、溶解性总固体、高锰酸盐指数、硫酸盐、氯化物、总大肠菌群、细菌总数等及背景值超标的水质因子为基础,根据区域地下水类型、污染源状况适当调整。特征因子根据现状企业及规划主导产业产排污的识别结果确定。

4. 噪声相关因子

等效连续 A 声级。

5. 总量控制因子

污染物总量控制制度是以环境质量目标为依据,对区域内各污染源的排放总量实施控制的管理制度,最早可追溯至二十世纪八十年代。我国真正意义上的污染物总量控制制度的建立是在"九五"之后,在随后实施的"十五"

"十一五"等五年计划中均有涉及污染物总量控制制度的计划。

根据污染物总量控制制度,在重点污染物排放总量控制指标由国务院下达后,省、自治区、直辖市人民政府可以根据本行政区域环境质量状况和污染防治工作的需要,对国家重点污染物之外的其他污染物排放实行总量控制。"十一五"国家总量控制指标为 COD 和 SO_2。"十二五"期间,将主要污染物指标由两项扩大到四项,即 COD、氨氮、SO_2、NO_x。本次研究化工产业园区总量控制指标,根据所在地级市要求确定。

6. 碳评价

"十四五"时期,我国生态文明建设进入了以降碳为重点战略方向、推动减污降碳协同增效、促进经济社会发展全面绿色转型、实现生态环境质量改善由量变到质变的关键时期。本次评价主要依据《规划环境影响评价技术导则 总纲》(HJ 130—2019)、《规划环境影响评价技术导则 产业园区》(HJ 131—2021)等相关要求开展。

其中,《规划环境影响评价技术导则 产业园区》(HJ 131—2021)是对照上一版本开发区区域环评技术导则的修订版,强化了生态环境保护污染防治对策和措施要求,增加了主要污染物减排和节能降碳潜力分析、资源节约与碳减排等相关内容,落实了区域生态环境质量改善、减污降碳协同共治要求。本次评价内容将严格参照导则要求,分析研究园区规划实施污染物减排和节能降碳潜力,预测与评价规划实施环境影响和潜在风险,分析碳排放、资源与环境承载状态,提出不良环境影响减缓对策措施与协同降碳建议。

综上,对照本次研究化工产业园区现有企业及规划产业污染物排放情况初步分析结果,结合区域的环境现状和我国相应的控制标准,确定的项目评价因子如表 4.2.1 所示。

表 4.2.1 评价因子一览表

评价要素	现状评价因子	影响预测因子	总量控制因子
大气	SO_2、NO_2、PM_{10}、TSP、铅、硫酸雾、HCl、Cl_2、H_2S、NH_3、CS_2、苯、甲苯、甲醇、甲醛、VOCs(以非甲烷总烃计)、臭气浓度、丙酮、二氯甲烷、三甲胺、氯苯、二氯乙烷、二甲苯、DMF、环氧氯丙烷、苯酚、乙酸丁酯、溴化氢、硝基苯、镉、铜、汞、砷、邻二氯苯、三氯甲烷、镍、二噁英	SO_2、NO_x、PM_{10}、$PM_{2.5}$、硫酸雾、苯、甲苯、甲醇、甲醛、丙酮、HCl、HF、Cl_2、NH_3、H_2S、VOCs、CO、二噁英	SO_2、NO_x、颗粒物、VOCs

续表

评价要素	现状评价因子	影响预测因子	总量控制因子
地表水	pH、色度、CODcr、SS、氨氮、总磷、石油类、硫化物、硫酸盐、氰化物、挥发酚、苯、甲苯、甲醛、苯胺、铜、锌、镍、铅、铬、氟化物、二甲苯、氯仿、硝基苯、邻二氯苯、二氯甲烷、环氧氯丙烷、苯酚、乙腈、甲醇、氯化物、1,2-二氯乙烷、N,N-二甲基甲酰胺、正丁醇、环氧乙烷、砷、镉、汞、溴化物、丙酮、氯苯	COD、氨氮和总磷	COD、氨氮、总磷、总氮
地下水	pH、总硬度、溶解性总固体、硫酸盐、氯化物、铁、锰、铜、锌、钼、挥发性酚类、阴离子表面活性剂、高锰酸盐指数、氨氮、硫化物、钠、总大肠菌群、菌落总数、亚硝酸盐、硝酸盐、氰化物、氟化物、碘化物、汞、砷、硒、镉、六价铬、铅、三氯甲烷、四氯化碳、苯、甲苯、二甲苯、环氧氯丙烷、氯乙烯、硝基苯、镍、二氯甲烷、邻苯二甲酸二丁酯、邻二氯苯、苯乙烯、苯胺、甲醛、二氯乙烷、氯苯 包气带:pH、高锰酸盐指数、氨氮、六价铬、二氯甲烷、石油类	高锰酸盐指数、二氯甲烷、氟化物、甲苯、二甲苯、铅	—
声环境	等效连续A声级 L_{eq}	等效声级 $L_{eq}(A)$	—
土壤	《土壤环境质量 建设用地土壤污染风险管控标准(试行)》(GB 36600—2018)中基本项目 45 项因子及 pH、铬、锌、邻苯二甲酸二丁酯、苯酚、氰化物、丙酮、4-甲基苯酚、石油烃(C₁₀-C₄₀)	—	—
底泥	pH、铜、铅、锌、镍、汞、镉、砷、六价铬、二氯甲烷、氯仿、1,2-二氯乙烷、苯、甲苯、氯苯、间,对-二甲苯、邻二氯苯、1,2-二氯苯、苯胺、硝基苯	—	—
固体废物	一般工业固废、危险固废、生活垃圾的发生量、综合利用、处理处置量	—	—

4.3 评价范围

评价范围以本次研究化工产业园区实际规划面积(9.9 km²)为基础,地表水环境、大气环境等可能对周边区域产生一定的影响,兼顾周边地区,充分考虑其相互影响。

按照规划环境影响评价技术导则确定评价范围的原则,结合园区发展现状,评价范围详见表 4.3.1。

表 4.3.1 评价范围

评价内容	评价范围	备注
污染源调查	与园区规划用地范围 9.9 km² 一致	—
大气	规划用地范围边界外延 2.5 km	根据 Aerscreen 估算结果,确定本次评价等级为一级且 D10% 小于 2.5 km,最终确定评价范围为园区规划边界外扩 2.5 km
地表水	园区内及污水处理厂尾水纳污水体	参照导则要求,根据主要污染物迁移转化状况,覆盖项目污染影响所及水域
地下水	覆盖园区规划范围并适度考虑地下水流场和水文地质单元	参照导则要求,包括与项目相关的地下水环境保护目标,能说明地下水环境的现状,反映调查评价区地下水基本流场特征
土壤	园区规划范围,并适当考虑周边 1 km 范围区域	参照导则要求,识别为一级评价工作等级,污染影响型
声环境	与规划用地范围 9.9 km² 一致,同时考虑边界外 200 m 范围内的敏感目标	项目以固定声污染源为主,参照导则要求,结合园区现状,从严按照一级评价考虑
风险评价范围	覆盖园区规划范围,并扩展至园区规划范围边界 5 km 范围	参照导则要求,大气环境风险评价范围,一级、二级评价距项目边界一般不低于 5 km;三级评价距项目边界一般不低于 3 km
生态环境	园区范围内陆域和水域,同时考虑周边生态空间管控区	—

4.4 评价重点

本次研究对象为化工产业园区,相对其他类型工业园区/集中区,化工产业园区的产排污量相对较大,涉及污染物种类较多,历来顶着"高污染、高耗能、高风险"的帽子。本次评价重点基于园区开发建设及环境质量的现状调查,分析区域的资源环境承载力,剖析园区现有及规划建设存在的问题和发展制约因素,并提出切合实际的规划优化调整建议和环境影响减缓措施,制定匹配园区现状的"三线一单"管理要求等,具体从以下几个方面展开:

(1)规划协调性分析。全面分析园区本轮规划目标、规模、布局与上层位规划的符合性、与同层位规划的协调性,重点分析规划之间在环境保护、生态建设、资源保护与利用之间的冲突和矛盾。

化工园区是产业发展的集聚区,是国民经济和地区经济发展的重要载体,但同时也是能源资源规模消耗和污染物集中排放的区域。自习近平主席在第七十五届联合国大会一般性辩论上提出"中国将提高国家自主贡献力度,采取更加有力的政策和措施,二氧化碳排放力争于 2030 年前达到峰值,努力争取在 2060 年前实现碳中和"以来,实现碳达峰、碳中和战略的大背景已势在必行。基于以上背景,本章节在规划协调性分析方面,还需要结合国家、江苏省协同降碳、双碳相关政策分析园区规划的可行性。

(2)园区发展回顾评价。主要通过对园区上一轮规划土地开发利用、布局结构、产业发展、基础设施建设等的实施情况,以及资源能源利用效率、主要行业污染物排放强度、环境质量的变化进行回顾分析,并对上一轮区域环评批复的落实情况进行评价,提出本次规划应关注的主要资源、环境、生态制约因素,以及解决问题的途径。

本次研究的化工产业园区自其前期立项以及后续的开发建设以来,园区已稳步发展接近 20 年。在园区建设早期,政府对园区的发展导向和产业引进往往受到不同时期经济发展需求的左右,未形成固定、有规划的产业发展方向。旧环保形势下也存在着园区环保管理水平不够、环保基础设施建设不完备、区内企业环保意识差等情况。在回顾评价中,应结合该化工产业园区建设历程和发展特点,分析其潜在的环境问题和制约因素,在新环保形势下探索其潜在的提升空间和方向。

(3)资源生态环境要素影响分析。重点分析规划规模、规划布局、产业结构、基础设施布局对资源生态环境要素的影响,并设置针对规划环境影响预测的多个情景,进而分析论证其环境合理性。评价园区本轮规划对土地、水资源、能源的压力状况,分析进一步提高资源环境承载力的对策和措施。

正如前文所述,化工园区是资源能源规模消耗以及污染物集中排放的区域,探究其区域环境资源承载力并作出科学的评估,对区域经济社会发展、提升生态环境质量具有重要意义。这部分内容既包含了对污染源强的预测及环境影响,也包含了"三线一单"的内容,是规划环境影响报告书的重点内容,其中首要的即是对研究区域污染源强的合理预测。

污染源强预测主要基于现状污染源,考虑以下两部分的新增污染源:①拟建、在建项目污染源;②本次规划未开发用地新增的污染物排放。其中已批在建项目污染源根据其环评报告确定,拟建项目根据前期工程资料估算。未开发地块的产排污量则需要采用单位面积系数法估算。近年来,由于化工园区的特殊性、敏感性,针对化工园区安全环保整治提升、减污减排的要求日益严格。因此在源强预测方面也应考虑这些动态因素,对未开发地块的产污系数进行优化,同时对照减污降碳新形势下的环保要求,通过关停搬迁、提升改造等途径进行污染源削减。

(4)提出规划优化调整建议。根据规划方案的环境合理性和可持续发展论证结果,提出园区今后发展的产业结构、布局和发展规模的优化调整建议,并说明规划环评与规划编制的互动结果。

(5)明确环境影响减缓措施和环境风险防控措施。以推进区域环境质量改善以及做好园区环境风险防控为目标,针对评价推荐的环境可行的规划方案实施后所产生的不良环境影响,提出环境影响减缓对策和措施,从空间布局约束、污染物排放管控、环境风险防控、资源开发利用等方面提出准入清单。

规划优化调整建议与环境影响减缓措施从本质上都是针对研究的化工产业园区潜在问题和局限的对策建议,试图从政策上解决问题或减少开发建设过程的中不良环境影响。在该类问题分析上,除了产业园区共性问题,还要立足于化工园区的特点,从化工园区环境风险高、资源消耗高、产污大等角度提出切实的建议。

5

规划分析

根据《规划环境影响评价技术导则 总纲》(HJ 130—2019)、《规划环境影响评价技术导则 产业园区》(HJ 131—2021)等指导文件,本章节主要包括规划概述、规划协调性分析两大部分内容。规划概述应明确可能对生态环境造成影响的规划内容;规划协调性分析应明确规划与相关法律、法规、政策的相符性,以及规划在空间布局、资源保护与利用、生态环境保护等方面的冲突和矛盾,关注规划区范围现状问题及后期规划实施的制约因素。

5.1 规划概述

该部分主要内容包括介绍规划编制背景和定位,结合图、表梳理分析规划的空间范围和布局,规划不同阶段目标、发展规模、布局、结构(包括产业结构、能源结构、资源利用结构等)、建设时序、配套基础设施等可能对生态环境造成影响的规划内容,梳理规划的环境目标、环境污染治理要求、环保基础设施建设、生态保护与建设等方面的内容。如规划方案包含的具体建设项目有明确的规划内容,应说明其建设时段、内容、规模、选址等。

5.1.1 规划总体安排

本次研究的化工产业园区其规划总体安排内容主要如下:

1. 规划范围

规划总用地面积为 $9.9\ km^2$。

2. 发展定位

从园区长远发展和承担的区域经济、产业发展重任的角度,明确以特色化工新材料、医药大健康化学品为主导,以"四高两低"(四高:产业层次高、技术含量高、产出贡献高、管理水平高；两低：污染排放低、安全风险低）为发展方向，打造现代化化工产业体系，建设成为绿色低碳的生态化工示范产业园区。

3. 产业定位

以特色化工新材料和医药大健康化学品为突破口，通过产业结构优化和能级提升，打造现代化化工产业体系（重点发展两个主导产业，即特色化工新材料、医药大健康化学品）。

（1）特色化工新材料产业：重点规划发展有机硅新材料、塑料橡胶助剂、光电新材料及电子化学品、特种纤维和生物可降解材料等特色化工新材料高端产品。

（2）医药大健康化学品产业：重点规划发展肿瘤一线治疗药物、心脑血管疾病处方药、抗病毒抗感染药、代谢疾病用药、神经退行性疾病用药等新型、特色和专利化学原料药，以及防晒、美白、保湿、祛斑等活性成分化学品，核苷核酸、维生素、透明质酸、药用氨基酸、胶原蛋白等医药营养健康类基础化学品。

4. 产业发展目标

加快推进园区整改提升与升级认定，以产业规划为契机，加快推进化工产业转型升级，推动化工产业向产业链终端化、价值链高端化、供应链稳定化方向发展。

5.1.2 空间/产业布局

说明产业园区产业发展定位、产业结构，重点介绍规划主导产业及其规模、布局、建设时序等，以及规划所包含具体建设项目的性质、内容、规模、选址、项目组成和产能等。

无论何种规模、类型的产业园区，产业片区的划分始终是个关键问题。由于受到不同经济发展形势的影响，多数产业园区在建设发展过程中存在不同程度的项目盲目引进，缺少统一的产业规划，已建企业短期内在园区内部搬迁也不切实际。

本次研究的化工产业园区虽然在我国整体工业生产方式由粗放向集约型转变的过程中淘汰了部分落后企业，但由于上轮规划期间园区内企业涉及产业种类较多，部分产业企业数量少、关联度不强且不符合园区产业定位。化工园区/集中区安全环保风险性大，近年相继出台的《省政府关于加强全省化工园区化工集中区规范化管理的通知》(苏政发〔2020〕94 号)、《关于进一步深入推进全省化工园区化工集中区产业转型升级高质量发展的通知》(苏化治〔2021〕6 号)等文件政策均对园区产业链、现存企业提出了高质量要求。

从园区长远发展的角度来说,不符合产业定位企业的淘汰搬迁之路原则上不可避免,但部分企业经多年发展已形成较好的产业基础和一定的经济比重,且部分非化工企业产排污往往较少。因此在实际针对上述企业进行调整时,可采取相对缓和的方式,进行有计划的搬迁转移。而对部分非主导产业定位的企业,可围绕主导产业及上下游产业链关系,依托产业之间的关联性,尽可能做到最大程度上的保留。

本次研究的化工产业园区规划形成"一轴四带五区一心"的空间结构:

"一轴"指以研究区主要交通道路为发展轴。

"四带"指依托园区内部地表水体,建设形成东西、南北向的共计 4 条水体景观带。

"五区"指园区规划的主导产业为特色化工新材料和医药大健康化学品,根据园区内部道路横纵设置以及现有部分企业的历史分布情况,从空间位置布设上以上述两大产业为目标,可形成五个产业片区,分别为:①特色化工新材料产业东片区;②特色化工新材料产业西片区;③医药大健康化学品产业片区;④特色化工新材料及医药大健康化学品产业东片区;⑤特色化工新材料及医药大健康化学品产业西片区。同一大类产业片区在发展重点上略有不同,部分片区则同时兼顾两大产业。

"一心"指生产研发中心。

5.1.3　基础设施建设

重点介绍产业园区规划建设或依托的污水集中处理、固体废物(含危险废物)集中处置、中水回用、集中供热(供冷)、余热利用、集中供气(含蒸汽)、供水、供能(含清洁低碳能源供应)等设施,以及道路交通、管廊、管网等配套和辅助条件。

根据规划,本次研究的化工产业园区其主要的基础设施规划内容如下:

1. 给水工程规划

规划园区实行区域供水,工业用水设计供水量规模为 4 万 m^3/d。规划用水量主要由工业用水、浇洒道路和绿化用水等构成,根据用水指标、用地性质、用地面积预测。园区规划近期用水量为 2.48 万 m^3/d,远期用水总量为 3.33 万 m^3/d。

给水管网结合现有给水管网布置情况和市政工程建设情况,本着远近结合、适度超前的原则,合理布置,规划至主、次干路级别,使园区形成环状供水,提高供水可靠性。

2. 污水工程规划

1)集中污水处理系统

随着城市建设和经济建设的不断发展,工业项目逐步向工业区集中,工业企业的集中组群有利于污染的集中控制,而工业区污水的治理就是其中一个重要的组成部分。一般来讲,工业区污水治理有三种途径:一是企业预处理后接入城市污水处理厂;二是企业自行处理;三是排入工业区污水处理厂。

本次研究的化工产业园区建设有集中污水处理厂,服务范围为园区内企业接管废水,规模为 2.5 万 m^3/d,尾水排放标准执行《城镇污水处理厂污染物排放标准》(GB 18918—2002)表 1 中一级 A 标准和《化学工业水污染物排放标准》(DB 32/939—2020)一级排放标准。

2)污水收集系统

企业污水经厂内自建污水处理设施预处理达到接管标准后通过污水管网收集至园区污水处理厂集中处理。企业预处理污水应严格执行园区污水接管标准,行业排放标准中的间接排放标准限值严格的,应从严执行,暂未公布国家行业标准或行业标准未规定间接排放的,接管浓度不得高于《污水综合排放标准》(GB 8978—1996)三级标准限值,其他污染物接管浓度控制要求应与园区污水处理厂协商执行相关标准。

对照江苏省人民政府发布的《省政府办公厅关于江苏省化工园区(集中区)环境治理工程的实施意见》(苏政办发〔2019〕15 号)要求,该化工产业园区全部建成了"一企一管、明管(专管)输送"系统,并设置"一企一管"水质监控系统。各企业废水经厂区内预处理达标后,通过"一企一明管一池"进入水质集中监控点,通过专用管道输送至园区污水处理厂。水质集中监控点设置COD、氨氮、pH、电导率、流量等在线监测监控设施。对照污水管网规划,园区保留现状污水收集管网,并随着园区的开发建设逐步完善。

3)中水回用系统

化工行业因其工艺要求,往往生产用水量较大,而我国水资源存在人均占有量相对不足、时空分布不均衡的特点,这使得本来就缺水的地区水资源形势更加紧张。另一方面,化工行业产生的大量废水如若得不到妥善处置,极易造成区域水体甚至土壤及地下水污染。为减少水资源消耗量、废水排放量,化工园区亟须建立完善的中水回用系统。

针对化工园区中水回用,江苏省《省政府办公厅关于切实加强化工园区(集中区)环境保护工作的通知》(苏政办发〔2011〕108号)、《关于进一步加强化工园区水污染治理的通知》(苏环办〔2017〕383号)等园区环境管理文件均有提及:"积极鼓励有条件的地区实施区域中水回用。园区应积极实施区域中水回用和污水再生利用,提高水资源重复利用率。"《绿色化工园区评价导则》(HG/T 5906—2021)也对园区的单位工业总产值新鲜水耗提出了要求(10 m³/万元)。

2022年,生态环境部等七部门联合印发的《减污降碳协同增效实施方案》为生态环境质量改善和实现碳达峰碳中和战略任务的深度协同做出顶层设计,其中明确提及"推进水环境治理协同控制。大力推进污水资源化利用。提高工业用水效率,推进产业园区用水系统集成优化,实现串联用水、分质用水、一水多用、梯级利用和再生利用"。

本次研究的化工产业园区将贯彻上述环保要求和"双碳"精神,积极推动园区中水回用设施建设,推行节水技术改造,推广工业用水循环使用、一水多用、串级使用,提高园区工业用水重复利用率和中水回用率。规划园区中水回用率近期达30%、远期达40%;工业用水重复利用率近期达94%、远期达95%。具体的措施开展主要针对该化工产业园区集中污水处理厂以及区内其他排水大户企业,通过新建或技改中水回用工程实现。经处理得到的中水,回用于企业或园区内部,可作如下用途:绿化、洒扫、消防等市政杂用水;净水厂水源;企业生产的特殊工段,如污水厂、净水厂药剂配制用水;生产工段清洗用水等。

3. 雨水工程规划

本次研究的化工产业园区排水制度为雨污分流制。以区内地表水体为界划分东、西两个排水区域,雨水依据重力流原则,就近排入河道、明渠。区内企业设置雨水在线监测设备、视频监控及电子闸阀,雨水(清下水)在达标情况下方可排放,若出现紧急情况电子闸阀会自动关闭,确保受污染的雨水收集在厂区内。对照规划,园区结合新建及改造道路,进一步完善雨水管沟建设。

4.供热工程规划

本次研究的化工产业园区实行集中供热,区内集中供热企业及供热管网在满足园区用热需求的同时,与城区供热管网互联互备,必要时可以相互补充。规划范围内现状供热干管建设已较为完善,规划应根据用热企业分布完善支管建设。

5.供电工程规划

本次研究的化工产业园区主供电源引自现状区内1座110千伏变电站和区外2座规划110千伏变电站。规划采用架空敷设的方式,有条件时可采用电力电缆埋地敷设。原则上以东西向道路的南侧、南北向道路的东侧作为主要通道,与通信线路分置在道路两侧。

6.燃气工程规划

规划采用管道输送天然气的供气方式向园区供气,目前已完成园区部分道路燃气管网铺设工作,供气能力为2亿 m^3/a,年用气量约1 000万 m^3。该化工产业园区内将结合道路改造、新建工程,逐步实现燃气管道的全面覆盖,形成气源结构科学合理、输配系统安全经济的现代化城市燃气系统。

7.危废处置规划

危险废物具有毒性、腐蚀性、易燃性、反应性或感染性,如不加以严格控制任意排放,会对地下水、土壤等生态环境造成严重破坏,进而危及生态环境安全和人类身心健康。根据中国生态环境统计年报,2020年我国工业危险废物产生量为7 281.8万 t,利用处置量为7 630.5万 t。其中,化学原料和化学制品制造业的危险废物产生量占大头,占比 22.0%。化工园区是发展化工产业的重要载体,危险废物产生相对集中,其处理和管理是园区环保管理工作中的一大重难点。

为妥善处置园区及区域周边内危险废物,本次研究的化工产业园区相继引进5家具有危险废物经营许可证资质的处置企业,其中包括2家危废集中焚烧处置企业、3家综合利用处置企业。此外,园区外建设有配套危废填埋处置企业1家。

5.1.4 环境保护规划

重点介绍产业园区环境保护总体目标、主要指标、环境污染防治措施、生态环境保护与建设方案、环境管理及环境风险防控要求、应急保障方案或措施等。

本次研究的化工产业园区其环境保护规划主要内容如下：

1. 环境质量目标

大气环境：大气环境达到《环境空气质量标准》（GB 3095—2012）二级标准。

地表水环境：区内地表水体水质达到《地表水环境质量标准》（GB 3838—2002）Ⅳ类标准。

声环境：主要交通干线两侧区域内执行《声环境质量标准》（GB 3096—2008）4a 类，工业区执行 3 类。

土壤环境：工业用地执行《土壤环境质量 建设用地土壤污染风险管控标准（试行）》（GB 36600—2018）表 1 中第二类用地的筛选值。

地下水：执行《地下水质量标准》（GB/T 14848—2017）相应标准。

底泥：参照执行《土壤环境质量 农用地土壤污染风险管控标准（试行）》（GB 15618—2018）中"其他"标准。

2. 大气环境污染控制

优化能源结构，严格控制准入条件，加强工业废气污染控制，积极推进清洁生产及监控检测。

3. 水环境综合治理

推动化工产业园区及企业雨污管网改造，完善雨污分流体系建设。企业内部废水，主要从废水预处理、建立完善的废水收集和排放体系两方面加强环境管理。提高工业用水的重复利用率，开展清洁生产。加强废水排放及污水处理厂排水监控。

4. 土壤及地下水污染控制

化工产业园区内各企业应采取分区防渗措施。车间生产区、储罐区、危废贮存区、废水处理区、废水收集管网及地面应严格设置防腐防渗设施，不在地下设置化工原料或废液的输送管线，所有的管道都应安放在地面上。逐步建立和完善地下水和土壤环境监测体系。

5. 固体废物处置

根据固体废物的性质特点，本着"减量化、资源化、无害化"的处理原则，根据固体废物的特点，对一般工业固废分类进行资源回收或综合利用。生活垃圾由环卫部门统一收集处理。危险固废由有危险废物经营许可证资质的单位统一收集,集中进行安全处置。

6. 园区环境管理体系

本次研究的化工产业园区规划进一步完善环境管理体系。园区根据国家和江苏省现行的生态环境法律法规、政策、制度,结合园区实际情况及未来发展规划,进一步完善适合园区发展的"生态环境管理办法",实行严格的项目审批制度,严格执行环境影响评价、"三同时"、排污收费、排污许可证、污染物集中处理、环保目标责任制等环保管理规章制度,制定环保奖惩制度,进一步强化重点污染源监管。对园区企业提出严格环境管理要求,规范企业在保护环境、防治污染等方面的行为,鼓励园区企业通过 ISO14000 环境管理体系的认证。

7. 监测监控体系

本次研究的化工产业园区规划建设满足《全省省级及以上工业园区(集中区)监测监控能力建设方案》(苏环办〔2021〕144 号)、《江苏省工业园区(集中区)污染物排放限值限量监测监控系统建设指南(试行)》要求的监测监控体系,进一步完善园区水质、大气监测监控体系。

8. 三级防控体系

本次研究的化工产业园区按照"企业-园区-周边水体"三级环境风险防控要求,建设了园区三级风险防控体系,依托雨水管网分区闸控、截污回流系统以及足够容量的事故应急池等设施,具有三级环境风险防控的基础能力。

9. 碳达峰、碳中和

应对气候变化和低碳转型发展已成为我国的重大战略,工业园区绿色低碳转型发展迫在眉睫。工业园区通过减污降碳协同治理实现碳达峰,既是园区高质量发展的内在要求,又是工业领域建设生态文明、打好污染防治攻坚战的重要抓手,也是落实国家温室气体减排计划的重要途径。对于大背景下的社会责任,本次研究的化工产业园区主要规划采用以下方式进行减污降碳:

(1)构建绿色低碳循环发展经济体系,健全绿色低碳循环发展的生产体系,推进工业绿色升级,壮大绿色环保产业,提升产业园区和产业集群循环化水平,构建绿色供应链,打造绿色物流,加强再生资源回收利用,鼓励企业采用现代信息技术实现废物回收线上与线下有机结合,建立绿色贸易体系等。

(2)提升能源利用效率,优化能源结构,控制和减少煤炭等化石能源的使用,推动产业和工业优化升级,遏制高能耗、高排放行业盲目发展,推动传统产业优化升级,推动绿色低碳技术创新。

(3)提高非化石能源消费比重,在实现碳达峰、碳中和战略目标的要求下,需要大力发展低碳可再生能源产业的开发和利用,以提高非化石能源消费,推动能源产业可持续发展。

5.2 规划协调性分析

根据《规划环境影响评价技术导则 产业园区》(HJ 131—2021)等指导文件,规划协调性分析主要分为与上位和同层位规划的协调性分析、与"三线一单"的符合性分析两大部分。

与上位和同层位规划的协调性分析,主要分析产业园区规划与上位和同层位生态环境保护法律、法规、政策及国土空间规划、产业发展规划等相关规划的符合性和协调性,明确在空间布局、资源保护与利用、生态保护、污染防治、节能降碳、风险防控要求等方面的不协调性或潜在冲突。

与"三线一单"的符合性,重点关注规划与区域生态保护红线、环境质量底线、资源利用上线和生态环境准入清单要求的符合性,对不符合"三线一单"要求的,提出明确的规划调整建议。

工业园区工业生产集中,能源需求量大,污染物排放强度高,温室气体排放量大。近年来,工业园区始终是《大气污染防治行动计划》《水污染防治行动计划》等污染防治战略的重点治理对象,污染物减排已成规模,具备了减污和降碳协同的基础,工业园区成为推动工业领域减污降碳的重要载体。本章节内容,除去常规环保文件政策要求,在减污降碳战略大背景下,将关注国家、江苏省碳中和碳达峰相关政策与本轮规划的协调性。

5.2.1 与产业政策导向的协调性分析

本次研究的化工产业园区规划主要以精细化、专业化、集约化为发展导向,重点发展特色化工新材料、医药大健康化学品两大产业。产业政策导向重点分析与《国务院办公厅关于石化产业调结构促转型增效益的指导意见》(国办发〔2016〕57 号)、《"十四五"原材料工业发展规划》(工信部联规〔2021〕212 号)、《江苏省石化产业规划布局方案(2016—2030)》(苏发改工业发〔2015〕1481 号)、《省政府关于推进绿色产业发展的意见》(苏政发〔2020〕

28 号)的协调性。由于研究的化工产业园区为当地主导产业和重点培育的战略新兴产业所需材料提供着支撑和配套,借助区位优势与区域其他产业园区形成交互,本次规划将补充对所在地级市产业环保准入、产业集群、园区环境治理工程等实施方案或指导意见的协调性分析。

对照《国务院办公厅关于石化产业调结构促转型增效益的指导意见》(国办发〔2016〕57 号)中提出的"有效化解产能过剩矛盾……化工新材料等高端产品的自给率明显提高,产业发展质量和核心竞争能力得到进一步提升","利用清洁生产、智能控制等先进技术改造提升现有生产装置,提高产品质量,降低消耗,减少排放,提高综合竞争能力",本次规划利用推进全省化工行业转型发展的有利时机,积极调整优化产业定位,推动园区高质量发展。园区规划两大主导产业之一为特色化工新材料产业,符合上述文件要求。

对照《"十四五"原材料工业发展规划》(工信部联规〔2021〕212 号)中提出的"培育壮大新材料产业……加速信息技术赋能,补齐产业链短板,实现低碳可循环,促进产业供给高端化、结构合理化、发展绿色化、转型数字化、体系安全化","推进规范化集群化发展",本次规划将借此契机对园区内现有企业进行产业调整与升级换代,推动传统化工产业存量调整优化,淘汰落后产能。园区坚持以"绿色化、低碳化、循环化、无害化、清洁化"为总体方向,总体产业定位为以发展特色化工新材料产业和医药大健康化学品产业为主,与上述文件内容相协调。

对照《产业结构调整指导目录(2019 年本)》、《江苏省化工产业结构调整限制、淘汰和禁止目录(2020 年本)》(苏政办发〔2020〕32 号),本次研究的化工产业园区本轮规划禁止新(扩)建农药、医药和染料中间体化工项目,不新增化学农药生产企业(含化学合成类和物理复配类),严格化工项目准入门槛,禁止审批列入国家、省产业政策限制、淘汰类新建项目,符合上述产业政策要求。

对照《江苏省石化产业规划布局方案(2016—2030)》(苏发改工业发〔2015〕1481 号)中要求研究的化工产业园区所在地级市基于"当地特色资源优势和化工产业基础,统筹规划布局若干主业特色突出的专业化园区……延伸发展化工新材料和专用化学品",本次研究区规划主导产业与该方案文件内容相符。

对照本次研究的化工产业园区所在地级市产业环保准入、产业集群、园区环境治理工程等实施方案和指导意见中提出的"'十四五'期间主要发展机电装备、绿色食品、高端纺织、光伏新能源、绿色家居、新材料 6 个主导产业和新一代信息技术、生物医药、数字经济等先导产业,鼓励化工新材料、高端精细化工、能源和生物化工等项目",与该化工产业园区本轮规划主导产业相符。对于化工园区项目准入,要求提高行业准入门槛,建立正面清单管理制度。研究的化工产业园区本轮规划新建化工项目原则上投资额不低于 10 亿元,禁止新(扩)建农药、医药、染料的中间体化工项目,不新增化学农药生产企业(含化学合成类和物理复配类),杜绝审批新建没有上下游企业、无法形成产业联动的项目,从严审批产生含杂环、杀菌剂、卤代烃、盐份等高浓度难降解废水的化工项目,上述举措均满足文件要求。

5.2.2　与区域发展相关规划的协调性分析

本章节从规划发展定位、空间布局、发展规模、主导产业四方面分析本次研究的化工产业园区本轮规划与国家、江苏省、所在地级市及辖区上位规划的协调性以及与相关政策的协调性。

1. 规划发展定位方面

本次研究的化工产业园区对园区的规划总体发展定位为:江苏省绿色低碳示范型化工园区;地区新兴产业高地;以特色化工新材料、医药大健康化学品为主导的"四高两低"一流的生态化工示范产业园区。这与《中华人民共和国国民经济和社会发展第十四个五年规划和 2035 年远景目标纲要》《长江三角洲城市群发展规划(2016—2030)》《江苏省国民经济和社会发展第十四个五年规划和二〇三五年远景目标纲要》、地级市城市总体规划、地级市及辖区国民经济和社会发展第十四个五年规划和二〇三五年远景目标纲要、地区产业发展规划的目标定位总体相协调。

2. 空间、产业布局及发展规模方面

本次规划形成"一轴四带五区一心"的发展模式,以精细化、专业化、集约化为发展导向,重点发展特色化工新材料、医药大健康化学品两大产业,这与《中华人民共和国国民经济和社会发展第十四个五年规划和 2035 年远景目标纲要》《长江三角洲城市群发展规划(2016—2030)》《江苏省国民经济和社会发展第十四个五年规划和二〇三五年远景目标纲要》《江苏省"十四五"化工产业高端发展规划》(苏工信综合〔2021〕409 号)、地级市城市总体规划、地

级市及辖区国民经济和社会发展第十四个五年规划和二○三五年远景目标
纲要、地区产业发展规划等要求相协调。

5.2.3 与生态环境保护和污染防治规划、政策文件的协调性分析

对照国家、省、市、区生态环境保护和污染防治规划、政策文件,本次研究
的化工产业园区的规划总体符合环保规划、深入打好污染防治攻坚战的意见
等规划和政策文件要求。规划实施过程中,须严格执行上述规划与文件相关
规定,进一步优化调整部分规划指标值,需加强退出企业地块的土壤环境管
理要求,加强园区企业挥发性有机物控制。本次规划协调性分析涉及的主要
生态环保规划和政策文件如表 5.2.1 所示。

表 5.2.1 规划协调性分析涉及的主要生态环保规划和政策文件

	序号	规划、政策文件名称
国家	1	《长江经济带生态环境保护规划》(环规财〔2017〕88 号)
	2	《大气污染防治行动计划》(国发〔2013〕37 号)
	3	《关于落实大气污染防治行动计划严格环境影响评价准入的通知》(环办〔2014〕30 号)
	4	《中共中央 国务院关于深入打好污染防治攻坚战的意见》
	5	《水污染防治行动计划》(国发〔2015〕17 号)
	6	《土壤污染防治行动计划》(国发〔2016〕31 号)
	7	《2020 年挥发性有机物治理攻坚方案》(环大气〔2020〕33 号)
	8	《淮河流域水污染防治暂行条例》
江苏省	1	《江苏省生态文明建设规划(2013—2022)》(苏政发〔2013〕86 号)
	2	《江苏省大气污染防治行动计划实施方案》(苏政发〔2014〕1 号)
	3	《中共江苏省委江苏省人民政府关于深入打好污染防治攻坚战的实施意见》(苏发〔2022〕3 号)
	4	《江苏省水污染防治工作方案》(苏政发〔2015〕175 号)
	5	《江苏省土壤污染防治工作方案》(苏政发〔2016〕169 号)
	6	《省政府关于印发江苏省国家级生态保护红线规划的通知》(苏政发〔2018〕74 号)
	7	《江苏省生态空间管控区域规划》(苏政发〔2020〕1 号)
	8	《江苏省"三线一单"生态环境分区管控方案》(苏政发〔2020〕49 号)
	9	《江苏省"十四五"生态环境保护规划》(苏政办发〔2021〕84 号)

	序号	规划、政策文件名称
江苏省	10	《江苏省"十四五"生态环境基础设施建设规划》(苏政办发〔2022〕7号)
	11	《关于印发江苏省工业园区(集中区)污染物排放限值限量管理工作方案(试行)的通知》(苏污防攻坚指办〔2021〕56号)
	12	《江苏省水污染防治条例(2021修正)》
市区	1	地市级或所在辖区主要生态环保规划在制定上,以省级规划为主要依据,同时结合区域经济发展特点展开,故在与江苏省生态规划相协调的前提下,研究区本轮规划与所在地级市层面环保相关规划基本相协调,上述政策的规划内容由于涉及具体内容,此处直接引用分析结论,符合研究区所在地级市层面环保相关规划及政策要求

5.2.4 与化工园区规划环评相关文件要求的协调性分析

近年来,江苏省陆续出台一系列化工园区环境管理文件,包括:《省政府办公厅关于切实加强化工园区(集中区)环境保护工作的通知》(苏政办发〔2011〕108号)、《关于印发进一步加强化工园区环境保护工作实施方案的通知》(苏环委办〔2012〕23号)、《省政府关于深入推进全省化工行业转型发展的实施意见》(苏政发〔2016〕128号)、《省政府办公厅关于开展全省化工企业"四个一批"专项行动的通知》(苏政办发〔2017〕6号)、《关于进一步加强化工园区水污染治理的通知》(苏环办〔2017〕383号)、《省政府办公厅关于江苏省化工园区(集中区)环境治理工程的实施意见》(苏政办发〔2019〕15号)、《江苏省化工产业安全环保整治提升方案》(苏办〔2019〕96号)、《江苏省化工园区(集中区)认定办法》(苏化治〔2019〕5号)、《江苏省化工园区(集中区)认定评分标准》(苏化治办〔2020〕11号)、《化工园区建设标准和认定管理办法(试行)》(工信部联原〔2021〕220号)、《省政府关于加强全省化工园区化工集中区规范化管理的通知》(苏政发〔2020〕94号)、《关于进一步深入推进全省化工园区化工集中区产业转型升级高质量发展的通知》(苏化治〔2021〕6号)、《江苏省化工园区化工集中区封闭化建设指南(试行)》(苏安办〔2020〕37号)、《江苏省重点化工企业全流程自动化控制改造验收规范(试行)》(苏应急〔2021〕48号)等。对照上述政策文件,从区内产业布局、产业结构、园区环保基础设施建设情况、污染物监测监控能力、污染物/挥发性有机物收集处置能力、清洁能源代替、风险管理等多个角度进行分析,与本次研究的化工产业园区规划内容基本相协调。

5.2.5 与减污降碳相关文件要求的协调性分析

该部分主要基于本次研究的化工产业园区产污和耗能特点,对照国家、江苏省相关减污降碳政策文件要求进行分析。

对照《江苏省政府关于推进绿色产业发展的意见》(苏政发〔2020〕28号)(以下简称《意见》),本次研究的化工产业园区深入开展"263"专项行动和化工行业"四个一批"专项行动,加快现有项目循环化、清洁化改造,提升工艺、装备和安全环保水平,加快淘汰落后项目和产品。同时不断完善集监测监控、环境管理、环境预警、安全应急等现代化功能为一体的智慧园区系统平台,推动园区智能化、信息化,与《意见》中"推进化工企业全面开展清洁生产,规范化工园区发展,依法依规淘汰环保不达标、安全没保障、技术低端落后的企业和项目,推动化工产业向集中化、大型化、特色化、基地化转变,支持符合条件的化工园区创建国家新型工业化示范基地"的要求相协调。

2022年6月,生态环境部等七部门联合印发《减污降碳协同增效实施方案》(以下简称《方案》),为生态环境质量改善和实现碳达峰碳中和战略任务的深度协同做出顶层设计。基于环境污染物和碳排放高度同根同源的特征,《方案》要求"必须立足实际,遵循减污降碳内在规律,强化源头治理、系统治理、综合治理,切实发挥好降碳行动对生态环境质量改善的源头牵引作用,充分利用现有生态环境制度体系协同促进低碳发展,创新政策措施,优化治理路线,推动减污降碳协同增效"。2023年2月,江苏省政府依据上述《方案》制定并发布《江苏省减污降碳协同增效实施方案》,为本省构建减污降碳协同增效工作机制,推动经济社会绿色转型提供指导。

本次研究的化工产业园区规划产业定位为以发展特色化工新材料产业和医药大健康化学品产业为主,在产业准入上,园区内新建化工项目原则上投资额不低于10亿元,禁止新(扩)建农药、医药和染料中间体化工项目,不新增化学农药生产企业(含化学合成类和物理复配类)。严格化工项目准入门槛,禁止审批列入国家、省产业政策限制、淘汰类新建项目,符合《方案》中"加强生态环境准入管理"的要求。园区企业均根据环评要求设置废气末端处理工艺,工艺符合相关标准规范要求。废气治理设施设置工况监测和排口在线监测,并与园区管理平台联网。园区实行统一的LDAR管理制度,对照《挥发性有机物无组织排放控制标准》(GB 37822—2019)的要求,积极推动园区企业 VOCs 整治工作,对现有企业进行提升改造,减少污染物排放。同时规划期内将进一步推进企业清洁生产工作。能源利用方面,园区实行集中供热,除园区配套集中供热项目和热电厂外,其他分散燃煤锅炉已全部关停整改,目前区内企业自建锅炉均为天然气或电能锅炉。热电厂均已完成超低排放改造。上述措施的落实,与《方案》中"推动能源绿色低碳转型""优化环境治理,推进大气污染防治协同控制""开展产业园区、企业减污降碳协同创新"的要求相协调。

6

回顾性评价

6.1 社会经济发展

本次研究的化工产业园区建设至今涉及的工业企业有 82 家,其中在产企业 51 家(37 家化工企业、10 家非化工企业、4 家配套企业),在建企业 8 家(8 家均为化工企业),拟建企业 5 家(3 家化工企业和 2 家基础设施企业),近期停产拟关停企业 13 家(10 家化工企业、3 家非化工企业),已关停企业 5 家(3 家化工企业、2 家非化工企业),拟关停与关停企业目前已全部停产,不再复产。因此,纳入本次评价分析的企业共 59 家(含在产企业、在建企业),对企业类型的统计见表 6.1.1,其中 45 家企业为化工行业(包含 14 家医药企业、26 家化工新材料企业、2 家化工原料企业、1 家农药企业、2 家酒精制造企业),10 家非化工企业(包含 3 家表面处理企业、2 家纺织印染企业、2 家新能源企业、2 家资源再利用企业和 1 家塑料加工企业),4 家配套企业,各企业类型占比示意图见图 6.1.1。

表 6.1.1 本次研究的化工产业园区现有在产企业、在建企业类型统计

企业类型	医药	农药	化工新材料	化工原料	酒精制造	表面处理	纺织印染	新能源	资源再利用	塑料加工	配套企业	合计
企业个数	14	1	26	2	2	3	2	2	2	1	4	59
占比(%)	23.73	1.69	44.07	3.39	3.39	5.08	3.39	3.39	3.39	1.69	6.78	100

本次研究的化工产业园区按照"产业集聚、企业集群"的思路,在加大基础设施建设和项目引进的同时,重点做好主导产业集聚发展与提升工作。经

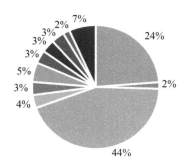

图 6.1.1　本次研究的化工产业园区现有在产企业、在建企业类型占比示意图

过多年发展,园区初步形成了化工新材料和医药化工两大主要产业链(产品集群)。2020 年,园区实现工业开票销售收入 120.3 亿元,同比增长 35.23%,财政总收入 4.7 亿元,一般公共预算收入 2.71 亿元。

6.2　资源能源利用

6.2.1　土地资源开发利用现状

本次研究的化工产业园区本轮规划面积为 9.9 km²,但本轮规划边界与上轮规划边界有所偏差,主要是为了减轻园区开发建设对周边邻近敏感目标的不利影响,以满足 500 m 的防护距离要求,调整后规划总面积不变。调出和调进地块内均无工业项目和企业,调出和调进隶属关系不变,均属于本次研究区行政管辖范围。

现状用地可分为城市建设用地和非建设用地,城市建设用地主要包括工业用地、道路与交通设施用地、公用设施用地、防护绿地等。其中:工业用地面积 559.65 hm²,占总用地的 56.59%;道路与交通设施用地 25.02 hm²,占总用地的 2.53%;公用设施用地 8.17 hm²,占总用地的 0.83%;绿化用地86.01 hm²,占总用地的 8.70%;非建设用地为河流水域和农林用地,分别为25.86 hm² 和 284.19 hm²,分别占总用地的 2.62% 和 28.73%。该化工产业园区规划范围内实际用地现状与上轮规划对比见表 6.2.1。

表 6.2.1　本次研究的化工产业园区规划范围内实际用地现状与上轮规划对比一览表

序号	用地代码	用地名称		上轮规划		用地现状	
				面积（hm²）	占总用地比例（%）	面积（hm²）	占总用地比例（%）
		城市建设用地		979.70	99.07	678.85	68.65
1	M1	一类工业用地		93.30	9.43	—	—
2	M2	二类工业用地		254.60	25.75	—	—
3	M3	三类工业用地		167.80	16.97	559.65	56.59
4	S1	城市道路用地		109.80	11.10	25.02	2.53
5	C1	行政办公用地		17.30	1.75	—	—
6	C2	商业金融用地		12.10	1.22	—	—
7	C3	文化娱乐用地		5.40	0.55	—	—
8	W1	一般仓储用地		42.10	4.26	—	—
9	U	市政公用设施用地		32.10	3.25	8.17	0.83
10	其中	U1	供应设施用地	—	—	0.36	0.04
11		U2	环境设施用地	—	—	7.81	0.79
12	G2	防护绿地		245.20	24.8	86.01	8.70
		非城市建设用地		9.20	0.93	310.05	31.35
13	E1	河流水域		9.20	0.93	25.86	2.62
14	E2	农林用地		—	—	284.19	28.73
		用地合计		988.90	100.00	988.90	100.00

与上轮规划对比，实际用地现状进行了较大调整。其中，调出的用地包括行政办公用地、商业金融用地、文化娱乐用地、一类工业用地、二类工业用地、城市道路用地、一般仓储用地、市政公用设施用地、防护绿地，调进的用地主要有三类工业用地、河流水域和农林用地，不涉及基本农田。用地现状存在农林用地，是因为规划范围内部分地块暂未取得农用地转用审批手续，暂不可开发利用。

相较上轮规划确定的一、二类工业用地调整为三类工业用地，从用地性质调整上看，将会加剧区域生态环境风险。为了降低用地性质调整带来的生态环境风险，该化工产业园区设置了 500 m 安全环保隔离带，涉及敏感点的区域建设了防护林，同时推动园区企业采取 VOCs 整治工程、一企一策措施、清洁生产提升措施等,进一步加强污染物收集、治理能力,确保稳定达标排放,降低园区对周边环境的影响。采取这些减缓对策措施后,园区用地性质调整是基本合理可行的。

6.2.2 能源利用现状

根据本次研究化工产业园区统计资料,2019—2021 年园区工业企业综合能耗和单位工业总产值综合能耗情况见表 6.2.2。整体来看,2021 年园区单位工业总产值综合能耗较 2020 年呈现降低趋势,能源利用效率不断提升。2021 年单位工业总产值能耗为 0.43 t 标准煤/万元,满足《绿色化工园区评价导则》(HG/T 5906—2021)相关指标(0.5 t 标煤/万元)要求。

表 6.2.2 本次研究的化工产业园区能源利用情况

年份	综合能耗(万 t 标煤)	单位工业总产值综合能耗(t 标煤/万元)
2019	41.78	0.43
2020	56.15	0.52
2021	60.91	0.43

能源结构的问题不是一个单一命题,它与产业结构问题相互交织,互为表里。有什么样的产业机构,必然有什么样的能源结构。减污降碳协同治理理念运用到能源结构上,其对生态环境保护的作用不仅体现在倒逼,更多地体现在牵引上。减污降碳协同治理,要推动总量减排、源头减排、结构减排,从注重末端治理向源头治理、综合治理、系统治理有效传导。因此推动园区绿色转型,实现减污降碳的关键一步是推动产业结构调整。

未来本次研究的化工产业园区要继续优化产业结构,依托本轮规划的特色化工新材料、医药大健康化学品两大主导产业,调整能源消费结构,减少化石能源消费量,提高清洁能源消费。同时,园区应按照"碳达峰、碳中和"要求,在产业结构、产品结构优化的基础上,开展节能降碳改造,推动生产工艺、技术装备优化升级,提高能源利用管理水平,推进园区能源消费结构全面优化。

6.2.3 水资源利用现状

根据本次研究化工产业园区统计资料,2019—2021 年该化工产业园区工业企业水资源利用情况见表 6.2.3。整体来看,近几年园区中水回用率水平有所提高,表明园区节水工作取得一定的成效。到 2021 年,单位工业总产值新鲜水耗达到 13.27 m^3/万元,但未达到《绿色化工园区评价导则》(HG/T 5906—2021)相关指标(10 m^3/万元)要求。

表 6.2.3   本次研究的化工产业园区水资源利用情况

年份	新鲜水(万 m^3)	中水回用率(%)	单位工业总产值新鲜水耗 (m^3/万元)
2019 年	1 592.98	3.38	16.40
2020 年	2 002.87	2.69	18.63
2021 年	1 898.83	9.25	13.27

从上述数据可见,本次研究的化工产业园区应提升企业节水能力和水平。国家、江苏省减污降碳协同增效实施方案明确提出推进水环境治理协调控制的要求。本次研究的化工产业园区将结合自身实际,提倡与推行节水措施,积极探索中水回用途径。

可将中水回用于工业洗涤、冷却用水等,以有效减少用排水量。入驻企业应严格按照规划相关指标引进、设计、生产并加强管理与监督。根据国内和国际先进用水工艺技术的发展,在规划期内紧跟节水先进技术,努力提高用水效率。根据生产用水对水质的要求不同,采用合理有效的循环水系统,采取以清补浊、逆流清洗、重复使用或一水多用的方式,减少水的消耗量,如生产过程中蒸汽间接加热产生的冷凝水全部回用于生产过程中,循环冷却水循环使用。针对园区污水处理厂、排水大户企业实行废水深度处理后回用,提高水资源利用效率。园区管理方在园区积极倡导中水利用,对利用中水的企业采取一定激励机制。园区内的企业应按照最严格水资源管理要求,采用先进节水节能生产技术。

6.3   环境保护与基础设施建设现状

6.3.1   供水设施现状

本次研究的化工产业园区不设自来水厂,园区用水由区外水务公司提供。主管网全长约 25 km。生活用水设计供水量 6 万 t/d,工业用水设计供水量 4 万 t/d,可满足区内供水需求。

6.3.2 排水工程现状

1. 园区排水现状

本次研究的化工产业园区规划范围内的排水实行雨污分流。园区雨水管道沿道路敷设,企业在厂区内设置初期雨水池收集初期雨水,初期雨水通过压力管道输送至企业厂区污水处理站进行处理,后期雨水通过清下水排口就近排入园区内地表水。

企业雨水排放口均设置了 pH、COD、流量在线监测仪、视频监控及电子闸阀,监测数据与园区智慧平台联网。企业排放雨水水质超标时,电子闸阀将自动关闭,可有效预防超标雨水排入区内地表水体,避免影响水环境质量。园区污水实行集中处理,除 2 家企业外,其他企业污水全部接管至园区集中污水处理厂。

上述 2 家企业分别取得了所在地区水务局许可,于园区集中污水处理厂纳污水体设置排污口,尾水执行《城镇污水处理厂污染物排放标准》(GB 18918—2002)表 1 中一级排放标准的 A 标准及各自行业排放标准。

其他企业污水通过"一企一管"输送至水质集中监控点,通过安装的各类在线监控判断污水是否达到接管标准,达标后污水进入园区污水处理厂集中处理。

2. 园区污水处理厂

园区污水处理厂分两期建设,一期工程设计建设规模为 1 万 t/d;二期工程设计建设规模为 1.5 万 t/d。园区污水处理厂已完成了提标改造,执行《城镇污水处理厂污染物排放标准》(GB 18918—2002)表 1 中一级 A 标准和《化学工业水污染物排放标准》(DB 32/939—2020)一级排放标准。目前园区污水处理厂处理工艺为"强化预处理工艺+生化工艺+一级高级氧化+二级生化工艺+二级高级氧化+过滤"工艺。项目工艺流程见图 6.3.1。

3. 接管情况分析

园区集中污水处理厂进水口安装了 pH、COD、氨氮、总氮和总磷在线监测仪;尾水排放池安装了流量、pH、COD、氨氮、总氮、总磷、挥发酚等自动监测设施,并与生态环境部门监控系统联网。据统计,2020 年该园区污水处理厂接管水量为 0.87 万 t/d,目前污水处理厂现有二期 1.5 万 t/d 的规模能够

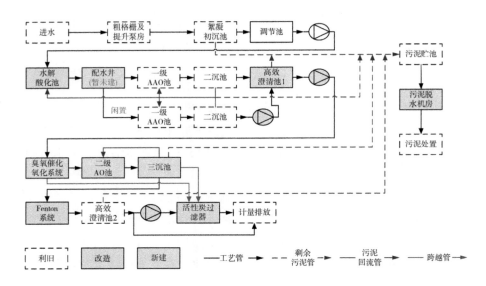

图 6.3.1　本次研究的化工产业园区污水处理厂工艺流程图

满足现状接管废水需要。

4. 污水处理厂尾水达标分析

园区集中污水处理厂于 2021 年 6 月前尾水执行《污水综合排放标准》(GB 8978—1996)表 1 中一级标准,提标改造工程通过竣工环保自主验收后尾水执行《城镇污水处理厂污染物排放标准》(GB 18918—2002)表 1 一级 A 标准。2022 年 1 月 1 日起园区污水处理厂尾水执行《化学工业水污染物排放标准》(DB 32/939—2020)表 2 排放限值。该集中污水处理厂近年来在线监测数据及排口例行监测数据显示,目前该污水处理厂尾水均能够达到相应阶段的排放标准。

5. 直排企业尾水达标分析

对照近年在线监测数据,经分析,两家直排企业尾水均能够达到《城镇污水处理厂污染物排放标准》(GB 18918—2002)表 1 一级 A 标准等相关标准要求。

6. 中水回用装置

中水回用工程的正常运行须考虑三个基本指标,分别为水质、水量以及经济成本。经处理的污水用于回用的前提条件是满足回用水质要求,且不存在任何潜在二次污染的风险。回用水的用途决定了污水处理的工艺、效率等要求。园区现有 2 家企业建成了中水回用工程,回用水质执行《城市污水再生利用 工业用水水质》(GB/T 19923—2005)标准要求。两家企业各自的中水回用工程建设情况如表 6.3.1 所示。

表 6.3.1　本次研究化工产业园区现有中水回用工程建设情况

企业名称	处理规模(t/d)	回用规模(t/d)	回用率(%)
企业 A	6 500	2 275	35
企业 B	3 000	2 100	70

中水处理工艺方面,按照其作用原理,可分为物理法、化学法、特别化学法和生物法 4 类。研究区现有两家中水回用工程企业为园区排水大户,且均为非化工企业。根据其生产工艺及产污特点,废水组成相对单一,无难降解高毒性污染物,故采用特别化学法,即通过物理和化学的综合作用使得废水得到净化,主要依托沉淀、膜过滤法,辅以氧化还原工艺。中水回用工艺具有较好的针对性,且减少成本和潜在的二次污染。上述措施贯彻了《减污降碳协同增效实施方案》《江苏省减污降碳协同增效实施方案》等文件精神,和减污降碳协同增效的"双碳"时代要求相符。

6.3.3　固废处置工程现状

本次研究的化工产业园区现有 5 家固废处置企业,其中 2 家为危险废物集中焚烧处置企业,3 家为综合利用处置企业,另外园区外建设有 1 家危废填埋处置企业。上述企业均完成了相关环保手续,其危废经营服务范围主要为本市及周边城市,合计达到了 6 万 t/a 焚烧处置量、4 万 t/a 填埋处置量。

除上述危废集中处置工程外,园区内已建在产企业中共有 3 家产废大户自建有危废焚烧炉,在建拟建企业中 2 家企业设计建设自用危废焚烧炉。

据统计,本次研究的化工产业园区 2020—2021 年危险废物消化情况如表 6.3.2 和图 6.3.2 所示。

表 6.3.2　本次研究的化工产业园区 2020—2021 年危废消化处置情况

	2020 年	消化比例(%)	2021 年	消化比例(%)
自行处置或综合利用量(t)	6 767.046	13.00	8 233.446	13.16

续表

		2020 年	消化比例(%)	2021 年	消化比例(%)
委托 处置量	区内处置(t)	20 894.663	40.15	18 828.430	30.09
	区外处置或综合利用(t)	24 383.990	46.85	35 510.200	56.75
	合计(t)	52 045.699	100.00	62 572.076	100.00

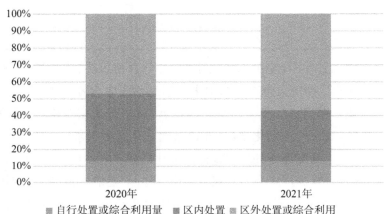

图 6.3.2 本次研究的化工产业园区 2020—2021 年危废处置情况示意图

根据上述图表内容可知,该园区 2020 年危险废物区内综合利用或处置比例超过 50%,2021 年比例略有下降,总的来看,仍有相当一部分危废处置依靠区域甚至省内其他地区危废处置企业而生存。

园区规划保留上述危险废物处置企业,有以下几方面的好处:可以推动危险废物处置市场良性竞争,有利于产废单位自主选择危险废物处置企业,消除危险废物处置价格垄断,降低产废单位危险废物处置成本;可取代现有处置水平低、处理量小、污染控制技术落后、环保管理差的处置设施,提高园区危险废物处置企业管理水平和专业水平;可以进一步完善园区基础设施,增加园区危险废物应急处置能力,改善园区投资环境,为园区可持续发展创造外部条件;可以减轻企业贮存负担,改善企业环境,减少企业事故隐患,为生产提供安全保障,降低园区环境风险,为城市的安全和社会稳定消除隐患。同时,考虑到研究区未来开发建设中潜在的危废污染源,现有危废处置企业的配备是有必要的。

6.3.4 供热工程现状

化工园区集中供热是园区总体规划的重要组成部分,集中供热规划需要与园区的性质、规模、发展方向相适应,并与园区内的其他基础设施相协调。化工园区受自身用热特性以及距离城市较远等特点影响,往往未纳入城市集中供热系统中,导致园区集中供热设施滞后,配套设施建设不完善。园区企业采用自建燃煤锅炉供热,一方面影响了园区的发展定位,增加了污染源,另一方面也造成了能源、土地的浪费。

"十三五"期间,为深入贯彻国家、省政府关于打赢蓝天保卫战的决策部署,本次研究化工产业园区深抓责任落实,淘汰了区内所有小型自建燃煤锅炉,现有 17 家配备锅炉、炉窑企业均实现了清洁能源替代,采用天然气或电加热。

此外,研究区内共有 2 家企业涉及燃煤锅炉,均为供热电源。其中 1 家为园区集中供热设施,现有供热能力为 200 t/h,区内集中供热管线已铺设完毕;另 1 家为早期获批的园区热电工程项目,为区内一企业生产配套供热设施,现有供热能力为 260 t/h。

6.4 环境质量现状及回顾性评价

《省政府办公厅关于江苏省化工园区(集中区)环境治理工程的实施意见》(苏政办发〔2019〕15 号)中提出:"园区要加快与环境质量监测、污染源监测要求相适应的监测能力建设。根据周边区域水环境、大气环境以及污染源排放特点,确定园区特征污染物……制定年度环境监测方案。"因此,本次研究化工产业园区制定了年度例行监测方案,每年度根据方案要求定期开展园区及周边环境质量监测。

6.4.1 大气环境

6.4.1.1 空气质量达标区判定

根据研究区所在地级市公布的 2021 年环境状况公报,2021 年全市环境空气优良天数达 295 天,优良天数比例为 80.8%,较 2020 年有所改善;空气

中 PM_{10}、O_3、CO、NO_2、SO_2 等指标浓度全部达标，$PM_{2.5}$ 年均浓度超标，根据《环境影响评价技术导则 大气环境》(HJ 2.2—2018)中评价依据，判定该区域空气质量不达标。

本次研究的化工产业园区大气环境评价范围内(2.5 km)涉及 2 个大气自动站，分别位于园区的西南和东北位置。南大气站于 2019 年建成投入使用，北大气站于 2021 年建成投入使用，尚无当年度完整的监测数据。根据南大气站 2021 年度环境空气质量监测数据，区域空气质量现状评价结果见表 6.4.1。

表 6.4.1　本次研究的化工产业园区南大气站 2021 年区域空气质量现状评价表

污染物	年平均指标	现状浓度 (mg/m^3)	标准限值 (mg/m^3)	占标率(%)	达标情况
SO_2	年平均浓度	0.008 9	0.06	14.83	达标
	日均值第 98 分位质量浓度	0.020	0.15	13.33	达标
NO_2	年平均浓度	0.028	0.04	70.00	达标
	日均值第 98 分位质量浓度	0.051	0.08	63.75	达标
PM_{10}	年平均浓度	0.069 7	0.07	99.57	达标
	日均值第 95 分位质量浓度	0.149	0.15	99.33	达标
$PM_{2.5}$	年平均浓度	0.036	0.035	102.86	超标
	日均值第 95 分位质量浓度	0.091	0.075	121.33	超标
CO	日均值第 95 分位质量浓度	1.714	4.00	42.85	达标
O_3	8 h 平均值第 90 分位质量浓度	0.151	0.16	94.38	达标

由表中内容可知，2021 年园区所在区域环境空气中 SO_2、NO_2 年均值和日均值第 98 分位质量浓度，PM_{10} 年均值和日均值第 95 分位质量浓度，CO 日均值第 95 分位质量浓度，O_3 8 h 平均值第 90 分位质量浓度均达到环境空气质量二级标准；$PM_{2.5}$ 年均值和日均值第 95 分位质量浓度超过环境空气质量二级标准。故园区所在区域 $PM_{2.5}$ 超标，判定为空气质量非达标区。

6.4.1.2　环境空气质量现状监测

根据本次研究的化工产业园区 2021 年度环境质量监测方案，兼顾所在区域风向特征及周边敏感保护目标的分布情况,共设置 8 个大气监测点位,连续监测 7 天。监测因子依据该化工产业园区废气年度特征污染物名录库确定。

监测因子包括 SO_2、NO_2、VOCs、臭气浓度、硫酸雾、HCl、Cl_2、H_2S、NH_3、CS_2、苯、甲苯、甲醇、甲醛、丙酮、二氯甲烷、三甲胺、氯苯、二氯乙烷、二甲苯、DMF、环氧氯丙烷、苯酚、乙酸丁酯、溴化氢、硝基苯、镉、铜、砷、邻二氯苯、三氯甲烷、PM_{10}、$PM_{2.5}$、TSP、铅、镍、汞、二噁英等。

根据《环境影响评价技术导则 大气环境》(HJ 2.2—2018)要求,计算最大浓度占标率,对大气环境质量进行评价。监测结果显示,各监测因子均满足《环境空气质量标准》(GB 3095—2012)二级标准、《环境影响评价技术导则 大气环境》(HJ 2.2—2018)附录 D 中参考浓度限值等标准要求,表明园区周边大气环境质量较好。

6.4.1.3 环境空气质量回顾性分析

由于环境质量现状评价结果具有一定程度的片面性和局限性,为探究本次研究的化工产业园区大气环境质量变化趋势,充分引用该化工园区现有环境质量监测资料,包括历年环境质量例行监测数据以及环境影响评价报告书、跟踪评价报告等内容进行分析。经分析得到以下结论:

2012 年监测时,VOCs 在 2 个点位出现一个时段的超标,最大超标倍数分别为 0.45 和 0.01,超标率为 3.57%;2017 年、2019—2021 年监测时,VOCs 在所有监测点位均达标;2012 年监测时,Cl_2 和 HCl 污染指数较高,在多个点位出现不同程度的超标,最大超标倍数 3.62,超标率 3.57%~92.86%;2017 年、2019—2021 年监测时,Cl_2 和 HCl 在所有监测点位均达标。其他因子在各年度均能满足相应标准要求。2012 年以来,园区认真落实了《江苏省大气污染防治行动计划实施方案》、地区大气污染防治方案,贯彻蓝天保卫战、污染防治攻坚战政策理念,通过加强无组织源的收集与集中处理,削减了VOCs、Cl_2、HCl 等污染物排放量,减轻了对环境的影响,园区废气整治方案落实效果良好,园区大气环境质量呈现变好的趋势。

选取园区下风向 2 个相同点位大气环境敏感目标的历年大气环境监测数据,分析园区所在区域大气环境质量的变化情况。其在 2012 年、2017 年、2019—2021 年,大气环境监测污染物最大浓度占标率统计汇总见表 6.4.2,各污染物最大浓度占标率变化趋势如图 6.4.1、图 6.4.2 所示。

表 6.4.2　本次研究的化工产业园区历年大气环境监测污染物最大浓度占标率一览表

单位：%

项目		SO_2	NO_2	PM_{10}	TSP	VOCs	H_2S	Cl_2	HCl
2012 年监测	敏感目标 A	51	20	59	58	145	40	90	96
	敏感目标 B	50	20	59	53	54	60	100	98
2017 年监测	敏感目标 A	12.7	25	78.7	75.7	42	70	60	84
	敏感目标 B	15.3	26.3	74	64.3	46	70	60	86
2019 年监测	敏感目标 A	10.7	17.5	71	46	72	60	80	58
	敏感目标 B	11.3	17.5	67	45	65	60	90	72
2020 年监测	敏感目标 A	11.3	20	57	44	60	60	70	78
	敏感目标 B	12	21	70	72	68	60	80	60
2021 年监测	敏感目标 A	13.33	37.5	54	56	97.5	50	70	88
	敏感目标 B	18	40	58	55	99	50	90	86

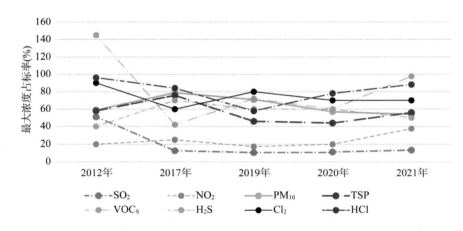

图 6.4.1　本次研究的化工产业园区敏感目标 A 大气环境污染物
最大浓度占标率变化趋势图

　　根据上表及对应的最大浓度占标率变化趋势来看，在 2012—2021 年间上
述两处环境敏感目标各监测因子最大浓度占标率呈现出总体下降的趋势。
该变化得益于园区内开展的小锅炉取缔整顿工作，SO_2 最大浓度占标率自
2012 年开始呈下降趋势，其中 2012 年至 2017 年大幅度下降。NO_2、PM_{10}、
TSP、H_2S 最大浓度占标率在 2012 年至 2021 年间存在一定波动，但总体持
平，变化幅度不大。Cl_2、HCl 最大浓度占标率呈现先下降后上升的趋势，其中

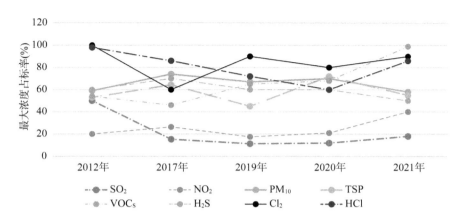

图 6.4.2　本次研究的化工产业园区敏感目标 B 大气环境污染物最大浓度占标率变化趋势图

Cl_2 最大浓度占标率近年来基本维持在同一水平线。两监测点位 VOCs 最大浓度占标率的变化趋势存在一定差异,敏感目标 A 的 VOCs 最大浓度占标率在 2012 年至 2017 年间大幅度下降,后呈现上升趋势。敏感目标 B 的 VOCs 最大浓度占标率则逐年上升,但仍能满足相应环境质量标准要求。

　　综上所述,该区域大气环境质量总体呈现改善趋势,近年来各项指标均能满足相应环境空气质量标准的要求。但 HCl、Cl_2 等最大浓度占标率总体较高,且 VOCs 最大浓度占标率呈现一定的上升趋势。HCl 主要来自于园区内危废焚烧处置企业,同时 HCl 也是园区企业重要的无机原料,广泛用于生产和水处理。Cl_2 主要为园区内医药企业的原辅材料。两项因子环境空气质量标准相对较低,占标率较高可能来源于园区内企业废气排气筒或无组织排放。VOCs 则为区域的化工企业的主要废气污染物。从数据结果来看,园区近年来的开发建设不可避免地对周边环境质量造成了一定的影响,但仍在可接受范围之内。本次研究的化工产业园区应认真落实区域大气污染防治工作方案要求,加强对 VOCs 管控治理,进一步削减无组织排放量,促进大气环境质量改善。

　　为贯彻落实国家、江苏省深入打好污染防治攻坚战精神,推进全省工业园区(集中区)生态环境治理体系和治理能力现代化建设,推动园区绿色低碳高质量发展,本次研究的化工产业园区近年来不断完善现有监测监控体系,提升园区污染控制能力。

园区已建设南北 2 个标准大气自动站,分别位于区域主导风向的下风向和上风向。标准大气自动站监测因子涵盖常规 6 项指标、VOCs、NH_3 和 H_2S。南大气站于 2019 年建成投运,其中 PM_{10} 因子于 2019 年年底实现联网。北大气站于 2021 年 3 月建成并联网,数据量有限。此处引用南大气站 2019—2021 年监测数据分析环境空气质量变化趋势,结果如表 6.4.3 和图 6.4.3 所示。

表 6.4.3 和图 6.4.3 显示,南大气自动监测站 2019—2021 年 SO_2、NO_2 年均浓度、PM_{10} 年均值,CO 日均值第 95 分位质量浓度均能满足环境空气质量二级标准要求。2019 年 $PM_{2.5}$ 年均值、O_3 8 h 平均第 90 分位质量浓度超过环境空气质量二级标准,后呈现下降趋势,其中 2020—2021 年 O_3 8 h 平均第 90 分位质量浓度均能满足相应空气标准要求。南大气站数据显示,近年来环境空气各项因子浓度整体下降,环境质量得到改善。

表 6.4.3　本次研究的化工产业园区南大气站 2019—2021 年环境空气
常规因子浓度变化情况　　　　　　　　　　　单位:mg/m^3

	SO_2	NO_2	PM_{10}	$PM_{2.5}$	CO	O_3
2019 年	0.011	0.031	/	0.044	1.500	0.172
2020 年	0.008	0.029	0.067	0.041	1.260	0.151
2021 年	0.009	0.022	0.070	0.036	1.710	0.139
标准	0.060	0.040	0.070	0.035	4.000	0.160

注:CO、O_3 污染物浓度分别为日均值第 95 分位质量浓度、8 h 平均第 90 分位质量浓度。

本次研究的化工产业园区配备有大气环境走航监测车 1 辆,辅助进行移动监测。走航车运用 SPIMS(单光子电离飞行时间质谱仪)在线分析,理论上可同时对 300 多种 VOCs 气体进行实时监测,实现了环境空气污染应急移动监测和环境空气污染实时在线监测、风险因子监测预警。走航车正常情况下每日走航昼夜共 2 次,重点对园区内部道路及企业厂界进行走航监测。

根据园区大气环境走航监测车 2021 年走航报告情况(图 6.4.4),园区外敏感点 VOCs 走航浓度远低于《大气污染物综合排放标准详解》中标准要求,表明园区废气污染排放对周边敏感点影响较小。园区内部走航数据则显示,走航 VOCs 平均浓度均能满足《大气污染物综合排放标准详解》中标准要求。

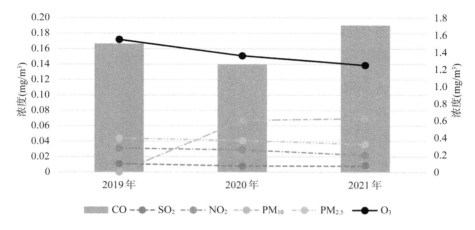

图 6.4.3　本次研究的化工产业园区南大气站
2019—2021 年环境空气常规因子浓度变化情况

但特征因子方面,由于园区内企业原辅料种类较多,园区内部道路走航数据中超标频次占比较高。园区管理部门应加强日常监管,督促企业落实厂区废气无组织贯标工作,以改善园区厂界废气污染物排放情况。

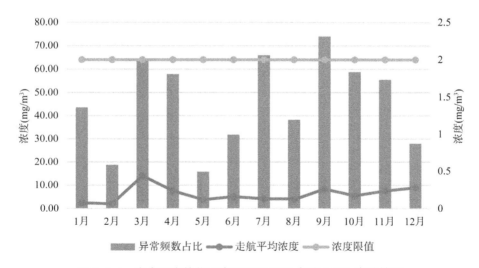

图 6.4.4　本次研究的化工产业园区 2021 年度 VOCs 走航情况

本次研究的化工产业园区另配备 2 个大气路边站,由智能监测终端和气体探测器模块组成,采用电化学原理,可对二氧化硫、硫化氢、碳酰氯、氯化氢、氯气、氨气、氟化氢、氰化氢八种有毒有害气体在线监控,并实时传输到园区平台。近年路边站各项因子检出率低,小时浓度值数据均能满足相应空气标准要求,表明园区废气污染排放对周边环境影响较小。

6.4.2 地表水环境

6.4.2.1 地表水自动监测站点监控数据

本次研究的化工产业园区评价范围内共涉及1个地表水市考断面以及园区内部5个地表水环境自动监测站点。根据园区水环境自动监测站点2019—2021年的监测数据,区域水环境质量现状评价结果见表6.4.4。

表 6.4.4 本次研究的化工产业园区水环境自动监测站点
2019—2021 年主要污染物指标一览表

断面名称/位置	年份	高锰酸盐指数（mg/L）	氨氮（mg/L）	总磷（mg/L）
园区外市考断面	2019	5.597	0.239	0.101
	2020	5.063	0.174	0.111
	2021	5.105	0.227	0.097
园区内地表水自动监测站1	2019	7.418	0.114	—
	2020	8.071	0.809	—
	2021	9.230	0.821	0.140
园区内地表水自动监测站2	2019	5.097	1.270	—
	2020	10.246	1.374	—
	2021	6.888	0.804	—
园区内地表水自动监测站3	2019	24.792	0.825	—
	2020	8.657	0.859	—
	2021	14.170	0.869	—
园区内地表水自动监测站4	2020	33.958	0.699	—
	2021	29.407	1.073	—
	2022*	27.483	0.638	—
园区内地表水自动监测站5	2020	14.794	3.045	—
	2021	15.096	2.428	—
	2022*	12.200	1.280	—

注:* 水质自动监测站点于2020年投运,暂无三年数据,本次采用了2022年1—4月数据。

对照《地表水环境质量标准》(GB 3838—2002)可知,本次研究的化工产业园区内地表水自动监测站点 3 的 2020 年高锰酸盐指数、站点 4 的 2020—2021 年氨氮浓度超过《地表水环境质量标准》(GB 3838—2002)Ⅳ类水质标准。但对比可知 2021 年相应指标较 2020 年呈变好趋势,2022 年相应指标目前可达到Ⅳ类水质标准。其他各监测断面各个监测因子均满足《地表水环境质量标准》(GB 3838—2002)Ⅳ类水质标准。结果表明,区域地表水环境质量总体较好。

园区外市考断面 2019—2021 年地表水环境监测污染物标准指数变化趋势如图 6.4.5 所示,由图可见,氨氮指标 2021 年略高于 2020 年度,但氨氮浓度均可满足《地表水环境质量标准》(GB 3838—2002)Ⅳ类水质标准,高锰酸盐指数、总磷浓度均有所下降。

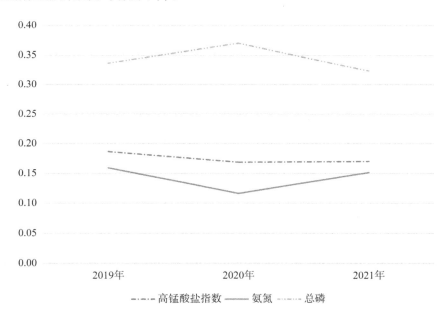

**图 6.4.5 本次研究的化工产业园区 2019—2021 年市
考断面主要污染物标准指数变化趋势图**

6.4.2.2 地表水环境质量现状监测

根据本次研究的化工产业园区 2021 年度环境质量监测方案,兼顾所在区域风向特征及周边敏感保护目标的分布情况,于园区内地表水体共设置 9 个地表水监测断面,连续采样 3 天,每天 1 次。监测因子依据研究区废水年度特征污染物名录库确定。

监测因子包括 pH、色度、CODCr、SS、氨氮、总磷、石油类、硫化物、硫酸盐、氰化物、挥发酚、苯、甲苯、甲醛、苯胺、铜、锌、镍、铅、铬、氟化物、二甲苯、氯仿、硝基苯、邻二氯苯、二氯甲烷、环氧氯丙烷、苯酚、乙腈、甲醇、氯化物、1,2-二氯乙烷、N,N-二甲基甲酰胺、正丁醇、环氧乙烷、砷、镉、汞、溴化物、丙酮、氯苯等。

地表水环境质量采用单因子指数法进行评价,地表水质量现状监测结果显示,园区周边水体各监测点各个监测因子均满足《地表水环境质量标准》(GB 3838—2002)Ⅳ类水质标准,SS 满足《地表水资源质量标准》(SL 63—94)四级标准要求,表明区域地表水环境质量总体较好。

6.4.2.3　地表水环境质量变化趋势分析

将该园区 2012 年、2017 年、2019 年、2020 年地表水环境监测结果与本次调查的 2021 年数据一起进行对比分析,分析结果详见表 6.4.5 和图 6.4.6、图 6.4.7。

分析 2012 年、2017 年、2019 年、2020 年和 2021 年地表水环境监测数据可知,2012 年监测到园区纳污水体及区外下游水体交汇处出现苯胺超标现象,2017 年监测到园区污水处理厂排污口下游 300 m 处出现 COD、氨氮、锌等超标现象,主要原因为监测时为枯水期,上游水量很小,园区污水处理厂排口混合过程段较长所致,之后采取了增加上游生态补水、园区污水处理厂和直排企业污水处理站提标改造等措施进行整改。2019 年、2020 年和 2021 年监测均未出现超标现象,说明园区水污染治理效果明显,园区地表水环境质量总体呈现变好的趋势。

选取园区污水处理厂排口下游 300 m 处,区内纳污水体及区外下游水体交汇处历年地表水环境监测数据,分析园区污水处理厂排口上下游地表水环境质量的变化情况。2012 年、2017 年、2019 年、2020 年、2021 年园区地表水环境监测污染物标准指数变化趋势如图 6.4.6、图 6.4.7 所示。2017 年监测数据中 COD、氨氮存在明显超标的情况,主要是因为 2017 年监测时为枯水期,上游水量很小,河流稀释作用不明显所致。除 2017 年超标情况外,从图上可以看出:2 个地表水监测断面中 COD、悬浮物指标近年来总体呈现下降趋

表6.4.5 本次研究的化工产业园区2012—2021年地表水各监测断面主要污染物标准指数一览表

	项目	COD	SS	氨氮	总磷	挥发酚	石油类	甲醛	硫化物	六价铬	镉	铜	铝	锌	苯胺类
2012年监测	区内纳污水体 园区污水处理厂排污口上游500 m	0.79	0.27	0.79	0.89	0.30	0.14	0.09	0.06	0.28	—	—	—	0.08	—
	园区污水处理厂排污口下游300 m	0.91	0.30	0.85	0.93	0.30	0.22	0.08	0.10	0.32	—	—	—	0.09	—
	区外下游纳污水体 区内污水水体及下游水体交汇处上游500 m	0.87	0.27	0.81	0.89	0.40	0.18	0.08	0.08	0.26	—	—	—	0.07	—
	区内污水水体及下游水体交汇处	0.83	0.28	0.84	0.89	0.40	0.16	0.08	0.07	0.32	—	—	—	0.09	1.10
	区内污水水体及下游水体交汇处下游500 m	0.90	0.32	0.79	0.92	0.40	0.18	0.08	0.08	0.30	—	—	—	0.089	1.00
2017年监测	区内纳污水体 园区污水处理厂排污口上游500 m	0.66	0.28	13.6	0.73	0.14	—	—	—	—	0.02	0.01	—	—	0.95
	园区污水处理厂排污口下游300 m	6.63	0.30	13.6	0.73	0.14	—	—	—	—	0.04	0.04	—	5.80	0.91
	区外下游纳污水体 园区污水处理厂排污口上游500 m	0.67	0.40	0.57	0.40	0.75	—	—	0.03	—	—	—	—	0.02	—
	园区污水处理厂排污口下游300 m	0.93	0.28	0.91	0.40	0.84	—	—	0.04	—	—	—	—	0.25	—
2019年监测	区内纳污水体 区内污水水体及下游水体交汇处上游500 m	0.70	0.23	0.66	0.23	0.79	—	—	0.02	—	—	—	—	0.45	—
	区内污水水体及下游水体交汇处	0.80	0.27	0.50	0.30	0.81	—	—	0.02	—	—	—	—	0.25	—
	区内污水水体及下游水体交汇处下游500 m	0.63	0.47	0.51	0.27	0.88	—	—	0.02	—	—	—	—	0.25	—

续表

项目			COD	SS	氨氮	总磷	挥发酚	石油类	甲醛	硫化物	六价铬	镉	铜	铝	锌	苯胺类
2020年监测	区内纳污水体	园区污水处理厂排污口上游500 m	0.63	0.23	0.21	0.47	—	0.06	—	—	—	—	—	0.26	0.006	—
		园区污水处理厂排污口下游300 m	0.63	0.23	0.44	0.50	—	0.06	—	—	—	—	0.012	0.2	0.41	—
	区外下游纳污水体	区内纳污水体及下游水体交汇处上游500 m	0.67	0.22	0.11	0.40	—	0.06	—	—	—	—	0.006	0.36	0.011	—
		区内纳污水体及下游水体交汇处	0.63	0.23	0.13	0.43	—	0.06	—	—	—	—	0.007	0.2	0.005	—
		区内纳污水体及下游水体交汇处下游500 m	0.67	0.2	0.08	0.37	—	0.06	—	—	—	—	0.012	0.26	0.065	—
2021年监测	区内纳污水体	园区污水处理厂排污口上游800 m	0.71	0.21	0.79	0.46	—	0.05	—	—	—	—	0.003	—	0.000 8	—
		园区污水处理厂排污口下游300 m	0.64	0.19	0.79	0.69	—	0.07	—	—	—	—	0.003	—	0.001	—
	区外下游纳污水体	区内纳污水体及下游水体交汇处上游500 m	0.62	0.21	0.79	0.73	—	0.06	—	—	—	—	0.002	—	0.002	—
		区内纳污水体及下游水体交汇处	0.49	0.23	0.39	0.43	—	0.06	—	—	—	—	0.002	—	0.000 8	—
		区内纳污水体及下游水体交汇处下游500 m	0.58	0.22	0.79	0.71	—	0.05	—	—	—	—	0.002	—	0.000 7	—

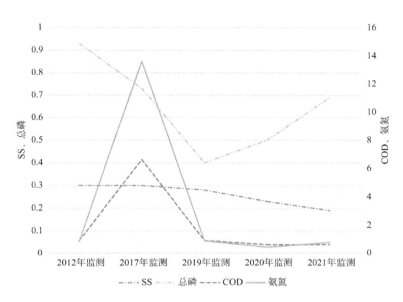

图 6.4.6　本次研究的化工产业园区 2012—2021 年集中污水处理厂下游 300 m 处地表水主要污染物标准指数变化趋势图

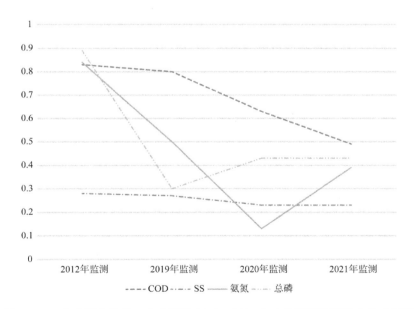

图 6.4.7　本次研究的化工产业园区 2012—2021 年水体及区外下游水体交汇处地表水主要污染物标准指数变化趋势图

势,园区污水厂下游 300 m 处总磷 2019—2021 年呈上升趋势,2021 年园区纳污水体及区外下游水体交汇处氨氮呈上升趋势,但氨氮和总磷浓度均未超过《地表水环境质量标准》(GB 3838—2002)Ⅳ类水质标准。

综上所述,结合本次研究的化工产业园区主要受纳水体及区外下游水体的总体监测数据情况来看,2017 年以来区域地表水 COD、悬浮物等主要指标浓度逐年呈现下降趋势,表明地表水环境质量逐步得到改善。

6.4.3　地下水环境

6.4.3.1　包气带污染现状监测

为调查本次研究的化工产业园区所在区域包气带污染现状,引用区内 2 家企业最新环评现状监测数据,其监测时间为 2019 年 12 月、2020 年 5 月,属于 3 年内数据,符合环境质量现状调查引用要求。包气带污染现状调查结果表明,2 家企业厂区内包气带浸溶液中丙酮、苯、对/间二甲苯、邻二甲苯均未检出,高锰酸盐指数能够满足《地下水质量标准》(GB/T 14848—2017)中的Ⅳ类标准。

6.4.3.2　地下水环境质量现状监测

本次研究的化工产业园区 2021 年地下水环境质量监测,共布设 9 个地下水水质监测点位,监测因子包括 pH、总硬度、溶解性总固体、硫酸盐、氯化物、铁、锰、铜、锌、钼、挥发性酚类、阴离子表面活性剂、高锰酸盐指数、氨氮、硫化物、钠、亚硝酸盐、硝酸盐、氰化物、氟化物、碘化物、汞、砷、硒、镉、六价铬、铅、三氯甲烷、四氯化碳、苯、甲苯、二甲苯、环氧氯丙烷、氯乙烯、硝基苯、镍、二氯甲烷、邻苯二甲酸二丁酯、邻二氯苯、苯乙烯、苯胺、甲醛、二氯乙烷、氯苯。监测结果显示,各监测点位各因子指标均能满足《地下水质量标准》(GB/T 14848—2017)Ⅳ类及以上水质标准要求。

6.4.3.3　地下水环境质量变化趋势分析

引用该化工产业园区 2012 年、2017 年、2019 年、2020 年地下水环境监测数据与本次调查的 2021 年数据,选取历年地下水环境监测相同点位数据进行对比,采用《地下水质量标准》(GB/T 14848—2017)Ⅳ类标准计算各污染物标准指数,并对其中部分监测因子的标准污染指数对比情况进行分析,分析结果见表 6.4.6 和图 6.4.8。

表 6.4.6　本次研究的化工产业园区相同点位历年地下水环境监测污染物标准指数一览表

单位:mg/L

监测项目	污染物标准指数				
	2012 年	2017 年	2019 年	2020 年	2021 年
耗氧量	0.11	0.1	0.124	0.382	0.04
挥发酚	0.2	0.015	0.015	0.015	0.015
总砷	0.001	0.001	0.008	0.018	0.016 4
氟化物	0.355	0.35	0.464	0.251 5	0.234
溶解性固体	0.12	1.29	0.360 5	0.377	0.261 5
六价铬	0.02	0.02	0.02	0.02	0.02
氨氮	0.095	0.327	0.044	0.008	0.041
硝酸盐	0.006	0.713	0.283	0.357	0.156
总硬度	0.523	1.692	1.006	0.803	0.491
亚硝酸盐	0.000 3	0.003 1	0.000 6	0.000 3	0.000 3
铅	0.005	0.031	0.005	0.09	0.005
汞	0.025	0.025	0.08	0.01	0.025
总镉	0.025	0.025	0.025	0.05	0.025
氰化物	0.02	0.02	0.02	0.02	0.02
硫酸盐	0.054	0.469	0.351	0.697	0.247
氯化物	0.474	2.257	0.329	0.216	0.150

从监测结果可以看到,地下水环境监测除 2017 年溶解性固体、总硬度、氯化物 3 项指标只达到 V 类标准外,其余各年度监测结果均可满足地下水环境质量 IV 类标准。2017 年地下水溶解性固体、总硬度、氯化物超标,主要是因为监测时段为枯水期,总体地下水水量较少,地下水水质相对较差。2020 年、2021 年溶解性固体、总硬度、氯化物均达 IV 类标准,地下水水质有明显改善。从各年度地下水监测数据可以看出,挥发酚、氰化物、六价铬、砷、汞、铅和镉浓度较低,经常未检出。纵向比较各年度地下水污染物标准指数可以发现,耗氧量、溶解性固体、总硬度、氨氮、氟化物、亚硝酸盐、硝酸盐、氯化物和硫酸盐指标呈现先上升后下降的趋势。总体来看地下水环境质量有所改善,表明园区开发过程未对区域地下水环境质量造成显著影响。

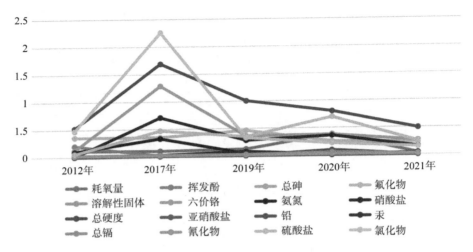

图 6.4.8 本次研究的化工产业园区相同点位历年地下水环境监测污染物标准指数变化趋势图

6.4.4 土壤环境

6.4.4.1 土壤环境质量现状监测

本次研究的化工产业园区 2021 年度土壤环境质量现状监测,共布设 9 个土壤监测点位,监测因子主要为《土壤环境质量 建设用地土壤污染风险管控标准(试行)》(GB 36600—2018)表 1 中 45 个项目以及园区补充特征污染因子。

监测结果表明,园区内各点位监测结果均未超过《土壤环境质量 建设用地土壤污染风险管控标准(试行)》(GB 36600—2018)第二类用地筛选值,园区外村庄居住用地监测结果均满足《土壤环境质量 建设用地土壤污染风险管控标准(试行)》(GB 36600—2018)第一类用地筛选值标准。

6.4.4.2 土壤环境质量变化趋势分析

引用该化工产业园区 2012 年、2017 年、2019 年、2020 年土壤环境监测数据与本次调查的 2021 年数据,选取历年土壤环境质量监测相同点位数据进行土壤环境质量变化情况分析,分析结果见表 6.4.7 和图 6.4.9。结果显示,该

化工产业园区土壤环境历年监测结果均未超过《土壤环境质量 建设用地土壤
污染风险管控标准(试行)》(GB 36600—2018)第一类用地筛选值,说明该点
位周边土壤环境质量较好。从图 6.4.9 可以看出,土壤中镍、砷、铜等因子浓
度总体呈现下降趋势;土壤中汞、镉、铅等因子浓度先增大后下降,在 2020 年
达到最大值。由此可见,该园区周边土壤环境各因子浓度自 2012 年以来存在
一定波动,其中近年来各项指标维持同一水平或呈改善趋势,土壤环境质量
未下降。

表 6.4.7　本次研究的化工产业园区历年土壤环境监测情况一览表

单位:mg/kg

项目	监测项目					
	镉	汞	砷	铜	铅	镍
2012 年	0.043	0.02	10.8	80	17.9	28.5
2017 年	0.04	0.021	5.4	8	14.2	25
2019 年	0.07	0.02	10.9	26	14.8	32
2020 年	0.13	0.091	8.52	20	29.3	26
2021 年	0.07	0.004	6.75	22	6.2	23
标准值	20	8	20	2000	400	150
达标情况	达标	达标	达标	达标	达标	达标

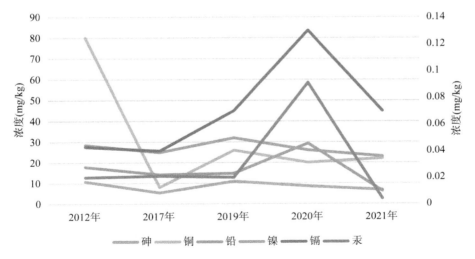

图 6.4.9　本次研究化工产业园区历年土壤环境监测因子浓度变化趋势图

6.4.5 声环境

6.4.5.1 声环境质量现状监测

本次研究的化工产业园区 2021 年度声环境质量现状监测,共于园区内部及边界布设 12 个声环境监测点位。声环境质量现状监测结果显示,各监测点噪声监测结果均能满足《声环境质量标准》(GB 3096—2008)3 类标准。

6.4.5.2 声环境质量变化趋势分析

引用该化工产业园区 2012 年、2017 年、2019 年、2020 年声环境监测数据与本书调查的 2021 年数据一起进行对比分析,将同一点位的历年声环境质量监测结果进行对比发现(详见表 6.4.8),2017 年相对于 2012 年夜间噪声明显降低,昼间噪声则基本持平;2019 年,昼间噪声水平与 2017 年维持同一水平,夜间噪声有所提高;2020—2021 年该点位昼夜噪声级均有一定升高,但仍能满足《声环境质量标准》(GB 3096—2008)3 类标准限值。声环境质量变化情况显示,由于近年来园区发展已形成一定规模,开发过程中不可避免地对区域声环境造成一定影响。区内企业应进一步做好减噪隔声工作,确保声环境质量达标。

表 6.4.8 本次研究化工产业园区某监测点位历年噪声监测值对比

单位:dB(A)

监测点位	分类	2012 年	2017 年	2019 年	2020 年	2021 年	标准
苗庄西	昼间	55.1	55.3~55.6	53.8~56.2	57.1~60.4	63.8	65
	夜间	44.3~47.7	42.7~44.9	46.7~49.8	50.3~52.0	51.4~52.4	55

6.4.6 底泥环境

6.4.6.1 底泥环境质量现状监测

本次研究的化工产业园区 2021 年度底泥环境质量现状监测,共布设 2 个底泥监测点位,分别位于园区污水处理厂排污口、区内纳污水体及下游水体交汇处,各采集 1 个底泥样本。监测结果表明,园区内各点位监测结果均未超过《土壤环境质量 农用地土壤污染风险管控标准（试行）》(GB 15618—2018)表1"其他"风险筛选值。

6.4.6.2　底泥环境质量变化趋势分析

将该化工产业园区2020年底泥环境监测结果与本书调查的2021年数据一起进行对比分析,对比同一点位,即区内纳污水体及下游水体交汇处历年底泥环境质量监测数据(见表6.4.9)可以看出,2021年相对于2020年底泥重金属含量均呈现下降趋势,且有机物均未检出,由此可见,近年来园区周边底泥环境质量呈改善趋势。

表 6.4.9　本次研究的化工产业园区同一监测点位 2020 年和 2021 年底泥监测值对比

监测因子	单位	区内纳污水体及下游水体交汇处	
		2020 年	2021 年
pH	无量纲	7.94	7.93
砷	mg/kg	12.5	9.45
汞	mg/kg	0.336	0.117
铅	mg/kg	99	13.7
镉	mg/kg	0.52	0.16
铜	mg/kg	60	21
镍	mg/kg	57	36
锌	mg/kg	184	69
苯	mg/kg	0.001 9L*	0.001 9L
甲苯	mg/kg	0.001 3L	0.001 3L
苯胺	mg/kg	0.3L	0.3L

*注:检出限＋L表示低于检出限即未检出。

6.4.7　小结

大气环境:根据所在地级市2021年度环境状况公报及园区内南大气站数据可知,本次研究的化工产业园区位于不达标区,超标因子主要为PM$_{2.5}$。2021年大气环境监测结果显示,各监测因子均满足《环境空气质量标准》(GB 3095—2012)二级标准、《环境影响评价技术导则 大气环境》(HJ 2.2—2018)附录D中参考浓度限值等标准要求。通过环境空气质量回顾性分析,园区各监测因子浓度整体呈现下降趋势,颗粒物年均浓度总体持平,环境空气质量有所改善。

地表水环境:2021年地表水环境现状监测结果显示,本次研究的化工产业园区所在区域地表水各监测点的各个监测因子均满足《地表水环境质量标准》(GB 3838—2002)Ⅳ类水质标准,SS满足《地表水资源质量标准》(SL 63—94)四级标准要求。

地下水环境:2021年地下水环境现状监测结果显示,本次研究的化工产业园区及周边各监测点位各因子指标均能满足《地下水质量标准》(GB/T 14848—2017)Ⅳ类及以上水质标准要求。

土壤环境:2021年土壤环境现状监测结果显示,本次研究的化工产业园区及周边各点位监测结果均未超过《土壤环境质量 建设用地土壤污染风险管控标准(试行)》(GB 36600—2018)第二类用地筛选值,园区外村庄居住用地监测结果均满足《土壤环境质量 建设用地土壤污染风险管控标准(试行)》(GB 36600—2018)第一类用地筛选值标准。

声环境:2021年声环境现状监测结果显示,12个噪声监测点均符合相应功能区要求,监测数据表明本次研究的化工产业园区及周围地区的声环境质量现状较好。

底泥环境:2021年底泥现状监测结果显示,底泥点位监测结果均未超过《土壤环境质量 农用地土壤污染风险管控标准(试行)》(GB 15618—2018)表1"其他"风险筛选值。

6.5 污染源现状调查与评价

污染源现状调查的主要内容包括评价范围内主要污染源类型和分布、污染物排放特征和水平、排污去向或委托处置等情况,由此确定主要污染行业、污染源和污染物。该现状调查通常根据企业的监测监控体系和自行检测数据,结合项目环评、验收、上报的污染源排放清单及污染物普查数据等材料来确定。

由于本次研究对象为化工园区,区内企业环保管理相对处于"高标准,严要求"管理模式,参照国家、省内相关政策文件进行从严管理,因此在污染源监测、档案管理方面资料更为齐全。

本书对该化工产业园区的废水、废气、固废污染源进行全面调查,按已建、在建和拟建分别列出工业污染源排放清单。经调查,园区目前共有已建在产企业 51 家和近期拟关停企业 13 家。此外另有新建在建企业 8 家,拟建企业 5 家,已关停企业 5 家。以下对已建在产、在建、拟建企业的废水、废气、固废排放情况做详细的调查、统计分析。

6.5.1　废气污染源

1. 已建在产企业污染源

本次研究的化工产业园区的废气污染源主要为区内企业工艺废气及少量企业能源燃烧废气。根据本次调查,园区已建在产企业主要废气污染物有 SO_2、颗粒物、NO_x、HCl、硫酸雾、NH_3 等,主要特征污染物有甲醇、甲苯、甲醛、丙酮、非甲烷总烃、VOCs、二噁英等。

1)常规因子及一般特征污染物排放情况分析

园区内现有企业废气污染物常规因子 SO_2、NO_x 和烟(粉)尘年排放量分别为 796.476 t、1 192.761 t 和 433.253 t,其等标污染负荷占比分别为 6.85%、20.52% 和 4.14%。

从污染源的企业类型看,上述废气常规因子排放主要由化工原料行业企业贡献,等标污染负荷占园区总量的 34.85%,其次为新材料行业企业,等标污染负荷占园区总量的 22.82%,园区配套行业企业贡献率则为 22.01%,其余行业合计 20.32%。

废气特征污染因子包括苯胺、丙酮、苯、甲苯、二甲苯、硝基苯、苯酚、苯乙烯、甲醇、甲醛、乙醛、醋酸乙酯、环己烷、二氯甲烷、环氧氯丙烷、DMF、硫酸雾、HCl、Cl_2、NH_3、H_2S、吡啶、铅、镉、汞、砷、镍、铬、VOCs、非甲烷总烃、二噁英类等。其中部分有机污染物因子由于产生总量较小,以 VOCs 计。

2)涉及重金属污染因子排放企业分析

根据本次调查,园区内涉及重金属废气排放的企业主要为 2 家园区配套危废焚烧处置企业、1 家污泥协同处置企业,以及产品涉及重金属的表面处理行业企业。上述企业均采取了相应的废气治理措施减少重金属的排放。

2. 在建、拟建企业污染源

根据本次调查,园区共有在建、拟建企业 11 个。通过对园区在建、拟建企业新增废气污染源情况进行分析,其主要废气污染物有 SO_2、颗粒物、NO_x、HCl、硫酸雾、NH_3 等,主要特征污染物有非甲烷总烃、VOCs、二噁英等。

1）常规因子及一般特征污染物排放情况分析

园区在建、拟建企业废气常规因子 SO_2、NO_x 和烟（粉）尘年排放量分别为 46.652 t、131.973 t、19.170 t，其等标污染负荷占比分别为 4.29%、24.27% 和 5.88%。

废气特征污染因子包括 HCl、Cl_2、氟化物、NH_3、H_2S、硫酸雾、二噁英、非甲烷总烃、VOCs（含乙酸乙酯、碳酸二甲酯、丙二醇甲醚醋酸酯、丁酮等）。其中排放量较大的因子为氟化物和 HCl，年排放量分别为 1.848 t、16.961 t，等标污染负荷占比分别为 4.25% 和 15.60%。

2）涉及重金属污染因子排放情况分析

园区在建、拟建项目中，涉及废气重金属污染物排放的为新能源产业企业以及危废处置企业，其特征污染物涉及镍、钴、锰、汞、镉、铅、砷等。企业应严格按照环评批复要求采取相应的废气治理措施，以减少重金属的排放。

6.5.2　废水污染源

1. 已建在产企业污染源

本次研究的化工产业园区企业废水常规污染物有 COD、SS、氨氮、石油类、总磷、盐分等，废水特征污染物为苯胺、甲苯、二甲苯、挥发酚、锌、总铅、总铜、总镍、总铬等。

1）废水常规因子及一般特征污染物分析

从常规污染因子看，已建在产企业 COD 排放量为 5 662.90 t/a、NH_3-N 排放量为 219.90 t/a、总磷排放量为 15.51 t/a、SS 排放量为 3 112.15 t/a，其等标污染负荷占比分别为 18.68%、7.25%、8.52%、12.83%。

从污染源的企业类型看，废水常规污染物（COD、氨氮、总磷、SS）排放以新材料、纺织印染、化工原料行业为主，上述行业废水常规污染物等标污染负荷分别占整个园区排放总量的 35.71%、22.52%、16.62%。

园区废水特征污染物主要为有机物，包括苯酚（以挥发酚计）、苯胺、二氯甲烷、甲苯、二甲苯、甲醛等。此外另有硫酸盐、总盐等无机盐污染物。从特征污染因子看，由于园区目前以化工产业为主导，有机物仍是园区废水的主要特征污染物。

2）废水重金属污染物分析

根据调查，园区现有已建在产企业中涉及废水重金属污染物排放的企业共有 13 家。其中 3 家为表面处理行业企业,2 家为园区危险废物焚烧处理配套企业,其余 8 家企业为产品或原辅料涉及部分重金属。园区参照相关政策要求,企业厂区应根据废水性质分质收集并处理,含重金属废水经厂区预处理达到接管标准后排放至园区污水处理厂集中深度处理。

2. 在建、拟建企业污染源

本次研究的化工产业园区在建、拟建企业废水常规污染物主要有 COD、SS、氨氮、总氮、总磷等,主要特征污染物有无机盐类(如总盐、硫酸盐)、有机污染物(如二氯甲烷、甲苯、乙苯、乙酸乙酯等)、重金属类(锑、镍、钴、锰等)。

1)常规因子及一般特征污染物排放情况分析

园区在建、拟建企业废水常规污染物年排放量 COD 209.431 t、SS 146.608 t、氨氮 8.231 t、总氮 21.257 t、总磷 0.616 t。

废水特征污染因子包括石油类、盐类、氟化物、苯胺、甲苯、乙苯、甲醛、锑、镍、锰等。其中排放量较大的因子为甲苯和盐类,年排放量分别为 0.154 t 和 2 168.005 t,其等标污染负荷占特征因子总量的比例分别为 10.46% 和 14.75%。

2)废水重金属污染物分析

在建、拟建企业中涉及废水重金属污染物排放的企业在项目全部建成后,预计年排放含镍废水污染物约 0.037 t,含锰废水污染物约 0.075 t,含钴废水污染物约 0.075 t,含铅废水污染物约 0.005 85 t,含锑废水污染物约 0.013 t。

6.5.3 固体废物

1. 已建在产企业污染源

1)生活垃圾和一般工业固废

本次研究的化工产业园区企业生活垃圾年产生量 9 430.56 t;一般工业固废年产生量约 35 000 t,采用外售、回用等方式综合利用。

2)危险废物

2020 年园区危险废物产生量 51 603.50 t,危险废物类型包括 HW02、HW04、HW06、HW08、HW11、HW12、HW13、HW17、HW18、HW31、HW34、HW38、HW45、HW46、HW49、HW50 等。

2. 在建、拟建企业污染源

根据现有环评报告和批复,研究区在建、拟建企业危险废物产生量预计为 60 149.16 t/a。

6.5.4 园区企业污染防治措施调查

笔者团队对该化工产业园区已建企业污染防治措施进行了调查,主要包括污水治理设施、废气治理设施、固废处置情况、COD 在线监测仪等环保设施的建设情况。根据现状调查情况看,园区各企业的污染控制设施的建设已按环评要求落实,调查期间污染防治设施基本运行正常。

1. 废水方面

园区各重点企业均按环评或环保规范要求设置了污水处理、在线监控、事故应急池等环保基础设施。园区对区内企业污水接管要求"一企一管",在每个企业的"一企一管"集水点设置流量计以及 COD、氨氮、电导率等在线监测仪。园区污水处理厂排口安装了流量计以及 COD、氨氮和总磷在线监测仪。目前园区除章节 6.3.2 提及的 2 家外,其余所有企业均实现污水集中处理。

2. 废气方面

区内重点企业基本均为化工企业,废气来源包括生产过程中产生的气体(酸碱废气、VOCs 等)、储罐挥发、槽罐车装料时的气体扩散、废水生化尾气等。园区内各重点企业均按环评或环保规范要求设置了废气治理设施并设置了在线监测仪。

3. 固废方面

产生危险废物的入区企业均对其所产生的危险废物进行了申报登记,并落实了危险废物处置路径。对危险废物在厂内暂存的要求建造危废库,按废物的形态、化学性质和危害等进行分类堆放;对企业内部处置的危险废物要求建造危险废物处置设施,确保危险废物安全无害化处置;对需要转移处置的危险废物要求转移前必须办理转移审批手续,明确危险废物转移种类、年转移量、运输单位和接收处置单位,经审批同意后,方可转移。同时对危险废物转移联单建立管理台账,对企业危险废物的进出严格监管,基本实现了危险废物的安全管理。

6.5.5 碳排放现状

6.5.5.1 碳排放核算边界

本书的碳排放核算与评价以园区规划边界为系统边界,核算边界内的直接排放以及源自边界内活动但发生在外部的间接排放,比如使用外部热力、电力。

依据指南,区域碳排放核算主要分为能源活动、工业生产过程、农业、土地利用变化和林业、废弃物处理五部分。总结而言,主要包括能源碳排放和非能源碳排放。我国工业部门的碳排放绝大部分来源于化石能源消耗,因此能源活动的碳排放是本次计算的主体。结合本次研究的化工产业园区实际调研情况,主要考察园区51家在产企业的工业生产排放。园区内部的农业生产活动不多,统计数据难以获取,土地利用变化与林业部分数据也暂缺,故这两部分的碳排放估算忽略。废弃物处理一般包括废水与固体废弃物处理,由于固废处理处置是废弃物处理处置的主要排放源,结合数据可得性,只核算固体废弃物的相关排放。

本书计算的主体为能源活动。核算分为园区整体评价与重点调研企业核算两个部分,园区整体的碳排放清单编制主要根据《省生态环境厅关于印发〈江苏省重点行业建设项目碳排放环境影响评价技术指南(试行)〉的通知》(苏环办〔2021〕364号),重点企业核算分析依据《工业其他行业企业温室气体排放核算方法与报告指南(试行)》和《中国化工生产企业温室气体排放核算方法与报告指南(试行)》,对企业碳排放情况做进一步的核算与分析。

6.5.5.2 碳排放核算方法

目前区域碳排放清单编制和核算方法学研究领域最常用的方法是清单分析法。主要依据的指南包括《2006年IPCC国家温室气体清单指南》与《省生态环境厅关于印发〈江苏省重点行业建设项目碳排放环境影响评价技术指南(试行)〉的通知》(苏环办〔2021〕364号)。编制碳排放清单的过程中,目前主流的方法主要包括基于缺省系数的排放因子法、基于质量守恒的物料平衡法,以及基于安装监测仪器采样测算的实测法等。

结合本次研究的化工产业园区实际调研情况以及相应数据的可得性,本书采用排放因子法进行计算,主要依据指南中的核算方法,并在排放因子参数的选择上尽可能采用具有本地特色的,包括江苏省级最新的排放因子,以保证排放数据的规范性与准确性。碳排放因子法,即选择相应活动水平数据并根据相应的排放因子和全球变暖潜势计算碳排放量,根据调查结果,分别计算能源活动排放(燃料燃烧和净调入电力热力)、固体废物处理处置排放、工业生产排放、污水厌氧处理排放。

综上,确定本次研究的化工产业园区核算碳排放源与气体种类如下:

(1)能源活动排放,包括化石燃料直接燃烧与外部输入的电力、热力。园区的能源消费品种也包含生物燃料,但由于生物燃料燃烧所产生的二氧化碳与生长过程中光合作用所吸收的碳两者基本抵消,因此不予计算生物质燃料能源活动的二氧化碳排放;

(2)固体废弃物处理处置排放,包括一般固废与危废的处理处置;

(3)重点行业企业生产过程排放,主要涉及碳酸盐的使用;

(4)污水厌氧处理排放,主要为工业企业废水厌氧处理甲烷排放;

(5)温室气体的种类主要考虑二氧化碳的排放,生物质燃料燃烧过程中可能会涉及甲烷以及氧化亚氮的排放,但由于暂不明确具体生物质种类且总量较小,在本报告中暂不予考虑。

6.5.5.3 碳排放核算过程

根据《省生态环境厅关于印发〈江苏省重点行业建设项目碳排放环境影响评价技术指南(试行)〉的通知》(苏环办〔2021〕364号),碳排放具体计算公式如下:

$$AE_{总} = AE_{燃料燃烧} + AE_{工业生产过程} + AE_{净调入电力和热力} - R_{固碳} \tag{6-1}$$

式中:$AE_{总}$——碳排放总量(t CO_2);

$AE_{燃料燃烧}$——燃料燃烧碳排放量(t CO_2);

$AE_{工业生产过程}$——工业生产过程碳排放量(t CO_2);

$AE_{净调入电力和热力}$——净调入电力和热力消耗碳排放量(t CO_2);

$R_{固碳}$——固碳产品隐含的排放量(t CO_2)。

(1)燃料燃烧的碳排放量计算公式如下:

$$AE_{燃料燃烧} = \sum (AD_{i燃料} \times EF_{i燃料}) \tag{6-2}$$

式中:i——燃料种类;

$AD_{i燃料}$——第 i 种燃料燃烧消耗量(t 或 kNm^3);

$EF_{i燃料}$——第 i 种燃料燃烧二氧化碳排放因子(t CO_2/t 或 t CO_2/ kNm^3),现有项目优先采用实测数据,拟建项目优先采用设计燃料折算值,没有实测数据/折算值的,参照相应行业《温室气体排放核算方法与报告指南(试行)》或《温室气体排放核算与报告要求》中推荐值计算。

(2) 净调入电力和热力碳排放量计算公式如下:

$$AE_{净调入电力和热力} = AE_{净调入电力} + AE_{净调入热力} \qquad (6-3)$$

式中:$AE_{净调入电力}$——净调入电力消耗碳排放量(t CO_2);

$AE_{净调入热力}$——净调入热力消耗碳排放量(t CO_2)。

$$AE_{净调入电力} = AD_{净调入电量} \times EF_{电力} \qquad (6-4)$$

式中:$AD_{净调入电量}$——净调入电力消耗量(MWh);

$EF_{电力}$——电力排放因子(t CO_2/MWh),根据最新数据,江苏为 0.682 9 t CO_2/MWh。

$$AE_{净调入热力} = AD_{净调入热量} \times EF_{热力} \qquad (6-5)$$

式中:$AD_{净调入热量}$——净调入热力消耗量(GJ);

$EF_{热力}$——热力排放因子(t CO_2/GJ),优先采用供热单位提供的实测数据,没有实测数据的按 0.11 t CO_2/GJ 计。

(3) 生产过程碳排放量计算参照《中国化工生产企业温室气体排放核算方法与报告指南(试行)》中对部分企业因碳酸盐使用产生的碳排放的计算方法,具体计算公式如下:

$$E_{CO_2-碳酸盐} = \sum_{i=1} (AD_i \times EF_i \times PUR_i) \qquad (6-6)$$

式中:$E_{CO_2-碳酸盐}$——碳酸盐使用过程产生的 CO_2 排放量(t);

i——碳酸盐的种类;

AD_i——碳酸盐 i 用于原材料、助熔剂和脱硫剂的总消费量(t);

EF_i——碳酸盐 i 的 CO_2 排放因子(t CO_2/t 碳酸盐 i);

PUR_i——碳酸盐 i 的纯度(%)。

在本次计算中,包括四种碳酸盐:碳酸钠、碳酸氢钠、碳酸钙、碳酸钾,排放因子取值分别为 0.414 9、0.523 7、0.439 7、0.318 4。

(4) 固体废物处理处置过程碳排放量计算参照《浙江省温室气体清单编制指南(2018 年修订版)》,具体估算公式如下:

$$E_{CO_2} = \sum\nolimits_{i=1} (IW_i \times CCW_i \times FCF_i \times EF_i \times 44/12) \qquad (6-7)$$

式中：E_{CO_2}——废弃物焚烧处理的二氧化碳排放量（万 t/a）；

    i——废弃物的类型，包括城市固体废弃物、危险废弃物、污泥；

    IW_i——第 i 种类型废弃物的焚烧量（万 t/a）；

    CCW_i——第 i 种类型废弃物的含碳量（%）；

    FCF_i——第 i 种类型废弃物中矿物碳在碳总量中的百分比（%）；

    EF_i——第 i 种类型废弃物焚烧炉的燃烧效率（%）；

    44/12——碳转换成二氧化碳的转换系数。

CCW_i、FCF_i 与 EF_i 的取值参照表 6.5.1。

表 6.5.1　废弃物焚烧处理排放因子

排放因子	简写	取值
废弃物含碳量	CCW_i	20%
矿物碳在碳总量中的百分比	FCF_i	90%
燃烧效率	EF_i	97%

（5）工业废水厌氧处理 CH_4 排放量计算参照《工业其他行业企业温室气体排放核算方法和报告指南（试行）》，计算公式如下：

$$E_{CH_4} = (TOW - S) \times EF_{CH_4} / 1\,000 \qquad (6-8)$$

式中：E_{CH_4}——工业废水厌氧处理的 CH_4 排放量（t）；

    TOW——工业废水中可降解有机物的总量，以化学需氧量（COD）为计量指标（kg COD）；

    S——以污泥方式清除掉的 COD 量（kg COD），如果企业没有统计，则应假设为零；

    EF_{CH_4}——工业废水厌氧处理的 CH_4 排放因子（kg CH_4/kg COD）；

    CH_4 全球变暖潜势值为 21。

6.5.5.4　碳排放现状调查

本书评价以 2020 年为基准年，调查了本书研究的化工产业园区现有51 家在产企业的基础资料。主要调查内容包括企业能源活动排放（燃料燃烧和净调入电力热力）、固体废物处理处置排放、工业生产排放、污水厌氧处理排放,同时对园区移动排放源进行了调查。

1. 园区重点行业企业碳排放现状调查

按照《省生态环境厅关于印发〈江苏省重点行业建设项目碳排放环境影响评价技术指南(试行)〉的通知》(苏环办〔2021〕364号),园区现状产业涉及热电、化工等重点行业,故本次评价企业层面重点调查区内热电、化工等企业碳排放现状。

1) 热电

本次研究的化工产业园区现有1家集中供热热电企业,2020年碳排放量为232 138.37 t CO_2,主要为能源活动碳排放;1家自备电厂,2020年碳排放量为771 904.00 t CO_2,主要为能源活动碳排放。

2) 化工

该园区内现有4家重点化工企业,碳排放以能源活动排放、净调入电力和生产过程碳酸盐消耗为主,2020年碳排放情况如表6.5.2所示。

表6.5.2　2020年该化工产业园区重点行业企业能源活动碳排放情况

企业名称	碳排放量(t CO_2)
园区集中供热企业	232 138.37
区内自备热电厂企业	771 904.00
重点化工企业 A	473 876.27
重点化工企业 B	30 329.05
重点化工企业 C	93 822.83
重点化工企业 D	97 942.73

2. 废弃物焚化碳排放现状调查

本次研究的化工产业园区规划范围内目前从事危废焚烧处置的企业共2家,另有自建危废焚烧炉的企业3家,2020年碳排放情况如表6.5.3所示。

表6.5.3　2020年该化工产业园区废弃物焚化碳排放情况

企业名称	碳排放量(t CO_2)
危废焚烧处置企业 A	14 550.52
危废焚烧处置企业 B	4 847.29
自建危废焚烧炉企业 A	2 088.02

续表

企业名称	碳排放量(t CO_2)
自建危废焚烧炉企业 B	1 308.19
自建危废焚烧炉企业 C	596.76

3. 园区其他企业碳排放现状调查

本次研究的化工产业园区 2020 年在产企业共 51 家,除表 6.5.2 中 6 家 2020 年碳排放重点行业企业外,园区其他企业碳排放情况见表 6.5.4。

表 6.5.4　2020 年该化工产业园区其他企业碳排放情况

碳排放量(t CO_2)			
能源活动排放	净调入电力和热力排放	碳酸盐消耗排放	合计
11 170.29	74 785.79	1 201.56	87 157.64

4. 污水处理企业碳排放现状调查

本次研究的化工产业园区规划范围内建设有集中污水处理厂 1 家,此外包括 2 家直排企业。污水厌氧处理过程中会产生部分 CH_4 排放,园区 2020 年污水碳排放情况见表 6.5.5。

表 6.5.5　2020 年该化工产业园区污水碳排放情况表

企业名称	碳排放量(t CO_2)
园区集中污水处理厂	8 709.36
直排企业 A	9 834.14
直排企业 B	587.18

5. 园区移动源调查

根据本次研究的化工产业园区资料可知,园区机动车保有量约为 21 356 辆。结合《乘用车企业平均燃料消耗量与新能源汽车积分并行管理办法》[工业和信息化部、财政部、商务部、海关总署、市场监管总局(原质检总局)令第 44 号]及其 2020 年修订版,以及《乘用车燃料消耗量评价方法及指标》(GB 27999—2019),本报告取机动车平均燃油系数约 5.53 L/100 km,机动车年平均里程约为 1 万 km。经计算,因车辆能源活动过程产生的碳排放量约为 25 562.5 t CO_2/a。

6. 园区碳排放量现状

经分析,本次研究的化工产业园区碳排放种类以能源活动排放、净调入电力为主。园区 2020 年碳排放总量约为 1 853 946.66 t CO_2,其中重点企业碳排放占比约 92.23%,详见表 6.5.6。

表 6.5.6 该化工产业园区 2020 年碳排放总量表

排放类型	碳排放量(t CO_2)	占比(%)
重点企业	1 709 847.39	92.23
其他企业	87 157.64	4.70
污水源	9 296.54	0.50
危废焚烧源	22 082.59	1.19
移动源	25 562.50	1.38
合计	1 853 946.66	100.00

同时计算得出本次研究的化工产业园区 2019 年和 2021 年碳排放量分别为 1 572 159.35 t CO_2 和 2 159 665.95 t CO_2。近几年园区碳排放量增加主要是由于园区目前处于快速发展的阶段,还需不断开发建设和高速发展,具有很强的发展潜力,但园区单位工业增加值碳排放量总体呈下降趋势,同时企业将严格落实减污降碳的发展战略,确保在 2030 年前实现碳达峰。

园区现有企业特别是重点行业企业,应加大蒸汽的梯级利用,电力使用可能还有上升空间,每年可持续降低 CO_2 排放量。园区依法在重点行业企业实施强制性清洁生产审核,并引导其他企业自觉自愿开展审核。通过系统、工艺及设备节能提升能效,鼓励各企业推进节能降耗改造,未来新建项目尽可能选择水平先进、效率高、能耗较低的生产技术,采用高效节能单元工艺和设备等,提升煤炭、电力等能源利用效率,减少碳排放。

6.6 环境管理现状

6.6.1 环保管理制度建设情况

为全面履行国家和地方制定的环境保护法规、政策,实施全面的环境管理与监督,本次研究的化工产业园区设置了环保部门,负责日常环境监督管理工作,建立了比较完善的考核机制,环境保护工作同步纳入了行政管理机构领导班子实绩考核内容。园区严格落实排污许可证制度,目前园区所有在产企业均取得了排污许可证,共计51张。

6.6.2　环保投诉与督查情况

6.6.2.1　环保投诉与解决措施

1. 总体情况

经查询江苏省生态环境信访系统数据,本次研究的化工产业园区2019—2021年共有环保投诉63件,以空气环境投诉为主,占投诉总量的88.89%,详见表6.6.1。从时间分布看,虽然环保投诉数量有所减少,但是从投诉内容来看,民众反映的问题更加有针对性,说明民众的环保意识和环保常识有所增强。园区环境监管中心在接到环境信访投诉后,在限定时间内完成调处、回复,切实保护广大人民群众合法权益,着力提高环境信访问题就地化解率和群众满意度。经查证,异味扰民存在一定的偶发性,主要为企业存在车间门窗未关闭、部分工段废气未作有效收集、废气处理设施运行效果不佳等问题。针对园区异味扰民问题,园区下一步拟开展以下整治工作以提升园区大气环境质量:①建立异味特征因子库,加强对异味特征因子的管控,倒逼现有企业转型、退出,严控新引进项目;②加强监测监控能力建设,加快企业排口、企业厂界、园区微站、标准大气站建设力度,建立常态化走航监测溯源机制,做到异味源及时发现、及时处理、有效管控;③建立企业废气超标报警闭环处理和治理设施定期评价制度,督促企业加强运行管理和整改;④督促企业在生产时做好车间密闭、无组织废气收集治理工作,应收尽收,做到"人不接触物料、物料不接触空气",消除异味扰民现象。

表 6.6.1　本书研究的化工产业园区近三年环保投诉情况

年份	要素					
	水环境	空气环境	声环境	固废污染	其他	合计
2019 年	0	23	0	0	1	24
2020 年	1	19	0	0	0	20

年份	要素					
	水环境	空气环境	声环境	固废污染	其他	合计
2021 年	1	14	0	4	0	19
合计	2	56	0	4	1	63
各要素占比	3.17%	88.89%	0	6.35%	1.59%	——

2. 重点投诉企业

经分析信访系统台账数据，截至 2021 年底，本次研究的化工产业园区在产企业中重点环境信访投诉事件共有 8 起。整体来看，重点投诉企业均按要求实施了整改措施，未来随着企业环保管理能力和污染防治措施进一步提升，区域环保信访投诉总量会进一步下降。

6.6.2.2 环保督查及整改情况

2019—2021 年，本次研究的化工产业园区共接受省环保督查交办问题 6 项，其中 2 起属于信访人反应问题不实，1 起处于整改过程中，3 起完成了销号。

6.6.3 环境信息公开

环境信息公开方面，本次研究的化工产业园区在周边敏感目标及村镇路口、居民集中居住区和企业门口设置了 100 块园区环保宣传告知牌，将园区环境监管部门联系方式公之于众，开通 24 小时举报热线，方便周边群众及时反馈相关环境问题。

园区还根据区内特征污染物制定环境监测方案，每年定期开展水、气、声、土壤、地下水环境监测，并及时将园区环境质量状况简报在政府网站进行公示，方便群众了解环境质量状况。

6.6.4 环境风险管理

6.6.4.1 环境应急机构建设现状

本次研究的化工产业园区环境风险应急管理实行两级管理体制：以园区突发环境事件应急处置和救援指挥部为依托的一级应急管理指挥机构，主要负责整个园区的日常安全防范工作和紧急事态发生时的处理和联系外援等工作;以园区内各企业成立的突发环境事件应急处置和救援指挥部为依托的二级应急管理指挥机构,负责制定本企业的环境风险预警预案,管理企业日常的安全防范措施,实施本企业及车间的环境风险应急救援工作,向园区应急控制中心汇报等。

6.6.4.2　环境风险日常监管现状

1. 园区环境风险日常监管现状(封闭化管理现状)

本次研究的化工产业园区环境应急指挥部办公室通过智慧平台实现整个园区和区内所有企业三维场景还原,结合建设的应急救援装备、应急物资储备、应急医疗救助等应急资源信息库和安全、环保版块生成的有效数据,将园区风险及突发事件的全过程管理(事前预防、事中处理、事后评估)等功能融合在场景之中。一旦发生状况,立刻进入应急指挥系统,激发应急辅助决策系统,实现应急全过程、全方位、多维度的全面掌握。同时建立了完善的安全管控平台,将企业安全管控的五要素"人、机、物、法、环"纳入管控系统,实现了对重大危险源、有毒有害气体、风险分级分区、隐患管理、企业安全动态档案、园区高危工艺、危险化学品等的集中管控,可以帮助园区管理者掌握园区的总体安全水平。

根据《江苏省化工产业安全环保整治提升方案》(苏办〔2019〕96号)、《江苏省化工园区化工集中区封闭化建设指南(试行)》(苏安办〔2020〕37号)要求,园区须实行封闭化管理,对列入《危险化学品目录》中的易燃易爆、有毒有害化学品和危险废物等物料、人员进出实施全过程监管且进行分类分级封闭管理。

卡口设置基于客货分离、通行便利、优化管理、规避风险、成本管控的原则,结合园区道路分布、车流人流来源以及后期规划,园区共设置1个危化品卡口,2个普通卡口,2个综合卡口以及1个应急卡口。

区内企业危险化学品运输依托区外有运营资质运输公司进行运输。园区封闭管理系统结合车牌识别技术,对车辆的进出进行管理和记录。企业购进原料或运出产成品,需要在系统中进行申报,当危险品运输车进入园区时,卡口将为车辆配发GPS模块,实时记录车辆位置。移动源运输路线为危险货物运输专用路线,当车辆未按计划进入对应企业或发生其他路线异常时,系统将会发出报警,必要时现场工作人员会根据定位信息,前往现场查看情况,避免不必要的危险发生。

2. 企业环境风险日常监管现状

本次研究的化工产业园区要求区内企业建立生产工艺过程日常监管制度,明确储存场所及管网的各项监管措施。企业车间、贮存仓库也设置了可燃气体报警装置、有毒气体报警仪等监控装置,可以在发生可燃、有毒气体泄漏超标的情况下,提前发现并采取紧急措施,遏制火灾爆炸、中毒等事故的发生。区内排放废气的企业均按照规定安装了废气处理装置,废气经处理达标后排放,有效降低了废气的排放量。同时,重点排污企业均在废气排放出口安装了在线监测设备,实时监测废气处理系统的工况和运转状况,并接入园区综合管理平台,一旦发生异常工况或废气处理系统出现故障,园区生态环境监管中心便可在第一时间发现,便于立即采取措施控制事故的发生和发展。

根据《省生态环境厅关于印发江苏省突发环境事件隐患排查治理行动工作方案的通知》(苏环办〔2022〕68号),该园区企业已按照环境保护部《企业突发环境事件隐患排查和治理工作指南(试行)》要求,建立了隐患排查治理制度,开展环境隐患排查工作,分类确定隐患等级,建立动态隐患清单,对排查发现的隐患问题及时落实整改。园区2022年企业突发环境事件隐患排查目前正在开展中,已查出环境隐患180个,其中重大隐患7个、一般隐患173个,企业正在及时落实整改。

6.6.4.3 环境风险防控体系建设现状

1. 环境风险防控体系建设现状

本次研究的化工产业园区成立了应急指挥部,向上与市、区生态环境局,向下与市生态环境综合行政执法局驻园区分局、园区管委会形成了应急响应体系。区内企业基本上按照国家要求编制了环境应急预案,且园区最新突发环境事件应急预案已在市生态环境局备案。园区已建立完备的应急机构,应急机构包括领导机构、应急办事机构、专职机构、专家组四个部分。园区环境风险日常监管情况良好,园区专职监管机构包括安监分局、环保分局和管网组,机构人员对整个园区进行巡查,近3年内对重大、较大危险源进行每月1次的巡查,消除环境隐患。园区环境风险防范设施完备,园区消防工作依托宿豫区消防大队,按企业项目环评、安评要求对重大危险源设置应急事故水池、危险物质在线监测仪。区域应急物资、区域内企业应急救援物资储备可满足要求。

2. 突发水环境事件应急处置能力

本次研究的化工产业园区已在园区集中污水处理厂内部设置了园区事故应急池,容积为 10 000 m³。当发生事故排放时,园区污水处理厂自动控制系统将自动关闭涉事故企业废水排放阀门。企业厂区事故状态下,关闭清下水阀门及污水排口阀门,将初期雨水、消防污水和事故废水控制在涉事故企业内部,并由企业收集排入事故池,分批次经厂区污水处理站处理达标后再排入区域污水处理厂。溢出事发企业厂界或在园区公共区域内的所有受污染的雨水、消防水和泄漏物等将通过园区现有雨水管网进入园区道路明渠。通过园区监控平台将电动闸门远程关闭后,借助园区道路明渠回流系统,将事故废水回流至园区事故应急池内。

园区企业均设置雨水在线监测设备,雨水(清下水)在达标情况下通过雨水管网分别排入园区道路明渠,最终汇入园区地表水纳污水体。企业的排放口均设置视频监控及电子闸阀,若出现紧急情况闸阀会自动关闭,确保受污染的雨水收集在厂区内。

3. 突发大气环境事件应急处置能力

重点排污企业均在废气排放出口安装了在线监测设备,利用园区监控平台,实时监测废气处理系统的工况和运转状况。一旦突发大气环境事件,园区迅速告知并组织环境风险源周边人员紧急疏散或就地防护,采取先期处置措施,防止环境污染发生或减轻可能造成的环境损害并及时展开应急监测工作。

同时园区已设置 2 处路边空气监测站,可以对二氧化硫、硫化氢、碳酰氯、氯化氢、氯气、氨气、氟化氢、氰化氢 8 种有毒有害气体进行实时在线监控;2 处边界大气预警站,可实现对周边环境空气质量 24 小时连续自动监测,以及对 VOCs、气象五参数、$PM_{2.5}$、二氧化硫、硫化氢、氮氧化物、氨气、一氧化碳、臭氧等主要指标的在线监控。同时,园区管委会已委托第三方开展园区有毒有害气体环境风险预警溯源自动监测系统建设工作,随着园区周边超级站、接驳站及区内采样管路的建设,届时将进一步提高园区对污染源的溯源跟踪和突发大气环境事件应急处置的能力。

4. 园区应急物资储备情况

本次研究的化工产业园区设置了园区环境应急物资储备库,园区的部分重点风险企业配置了相应的应急处置队伍和应急物资,可紧急调用,相互补给。

5. 园区三级风险防控体系

本次研究的化工产业园区按照"企业－园区－周边水体"三级环境风险防控要求，建设了园区三级风险防控体系，依托雨水管网分区闸控、截污回流系统以及足够容量的事故应急池等设施，具有了三级环境风险防控的基础能力。

6.6.4.4 监测监控体系现状

1. 大气环境监测监控能力现状

本次研究的化工产业园区已建设 1 个有毒有害气体环境预警监测系统、2 个大气自动站、2 个大气路边站。其中：2 个大气自动站监测因子包括 VOCs、气象五参数、$PM_{2.5}$、二氧化硫、硫化氢、氮氧化物、氨气、一氧化碳、臭氧等；2 个大气路边站监测因子为二氧化硫、硫化氢、碳酰氯、氯化氢、氯气、氨气、氟化氢、氰化氢 8 种有毒有害气体；有毒有害气体环境预警监测系统监测能力涵盖 PM_{10}、$PM_{2.5}$、二氧化硫、二氧化氮、氯化氢、氨、硫化氢、各类挥发性有机物等共计 43 项监测因子，通过在研究区内部道路、企业周边布设采样点位，经管道输送至中心站进行分析、污染溯源。

2. 水环境监测监控能力现状

本次研究的化工产业园区于园区内地表水体共设置 6 个断面水环境自动监测站点，对断面水温、pH、溶解氧、电导率、浊度、高锰酸盐指数、氨氮、总氮、总磷等指标进行监控。

6.6.4.5 智慧平台建设情况

1. 智慧平台

根据《智慧化工园区建设指南》(GB/T 39218—2020)、《省政府办公厅关于江苏省化工园区(集中区)环境治理工程的实施意见》(苏政发办〔2019〕15 号)、《省委办公厅 省政府办公厅关于印发〈江苏省化工产业安全环保整治提升方案〉的通知》(苏办〔2019〕96 号)等文件要求，结合本次研究的化工产业园区实际情况，为能更好地对园区进行规范管理，进一步提高园区防范风险的能力，园区已经依托物联网建成了一个强大的智慧化综合管理平台。

目前园区的智慧化综合管理平台已经建设完善，包括园区概况、安全、应急、环保、能源、封闭管理 6 个功能模块,同时园区还在对系统不断地进行功能升级。智慧平台中完整的园区监管系统能快速、有效地利用资源,深化园区管理工作,大大提高了园区管理工作效率。

2. LDAR 管理系统

根据《关于在全省化工园(集中)区开展泄漏检测与修复(LDAR)工作的通知》(苏环办〔2016〕96 号)的要求,化工园区应建立统一的 LDAR 管理系统,记录实施 LDAR 企业名单、完整的企业基本信息、监测数据、维修数据、排放量计算数据、检测修复评估报告等 LDAR 管理系统数据库,并纳入园区平台。

本次研究的化工产业园区已委托第三方建成统一的 LDAR 管理系统并通过了专家验收。该系统分为政府监管系统和企业管理系统两个部分。政府监管系统包括综合分析、统计报表、技术标准、GIS 信息、系统管理等内容。企业管理系统包含建档、检测、维修与复测、报表查询、综合查询、统计查询、工作台、系统管理等内容。符合《关于在全省化工园(集中)区开展泄漏检测与修复(LDAR)工作的通知》(苏环办〔2016〕96 号)的要求。

3. 特征污染物名录库筛选系统

本次研究的化工产业园区依据《关于印发化工园区(集中区)企业废水特征污染物名录库筛选确认指南(试行)的通知》(苏环办〔2019〕39 号)、《江苏省工业园区生态环境管理信息系统建设技术指南(试行)》等文件要求,在现场调研和资料收集分析的基础上,编制了园区特征污染物名录库(废水、废气、土壤和地下水)建设方案,在园区平台开发了特征污染物名录库筛选系统。结合园区各企业填报的年度特征污染物数据,可以筛选出年度园区废气特征污染物。

6.7 主要环境问题、制约因素及解决对策

本章节主要根据本次研究的化工产业园区现状调查结果,对照"三线一单"、最新环保政策等环境管理要求,分析园区产业发展和生态环境现状问题及成因,提出园区发展及规划实施须重点关注的资源、生态、环境等方面的制约因素,明确新一轮规划实施须优先解决的涉及生态环境质量改善、环境风险防控、资源能源高效利用等方面的问题。

结合本次研究的化工产业园区的实际情况,从用地规划、区域环境质量、配套工程建设、产业布局现状等方面重点展开论述。

6.7.1 主要环境问题

1. 园区用地布局现状与上轮用地规划不相符

受不同经济形势下发展目标的影响,产业园区在发展过程中常常面临规划与现状的矛盾和冲突。以用地布局为例,从中度污染及以上污染等级的三类工业用地,到轻度污染的一类工业用地,在产业园区早期的招商引资过程中,项目的落地选址往往优先于地块的规划属性。此外,在早期发展时期,引资目标和环境门槛的割裂也容易导致实际用地与规划的不相符。

回归到本次研究的化工产业园区,原规划根据污染等级对研究区工业用地进行了规划,分成轻微污染等级、中度污染等级、中度及以上污染等级,即一类、二类、三类工业用地。实际建设中,园区现状进驻企业主要以化工企业为主,还有部分电池制造、酒精制造、棉印染精加工企业分布,以及配套的园区污水处理厂、热电厂及危废处理企业。

对照上轮土地利用规划图,研究区上轮规划的工业用地主要分布以化工为主的三类工业企业。规划的市政设施用地除污水处理厂符合原规划要求外,其余用地均建设了以化工为主的三类工业企业。此外,原规划的行政办公用地、文化娱乐用地、商业金融用地、一般仓储用地和绿化用地也有部分被三类工业企业占据。

从结果上看,本次研究的化工产业园区大规模用地规划和布局现状与上轮用地规划不相符。为支持全市唯一化工企业集聚区/园区的发展,促进城市建设,市政府针对研究区规划范围内用地性质和产业发展出具了针对性的说明材料,明确其用地性质由城镇建设用地调整为三类工业用地。调整后,使得现状用地总体能够符合本轮规划的用地布局。

为了降低用地性质调整带来的生态环境风险,园区设置了 500 m 安全环保隔离带,涉及敏感点的区域建设了防护林,同时推动园区企业采取 VOCs 整治工程、"一企一策"措施、清洁生产提升措施等,进一步加强污染物收集、治理能力,确保稳定达标排放,降低园区对周边环境的影响。采取这些减缓对策措施后,园区用地性质调整是基本合理可行的。

2. 上轮规划期间园区企业涉及产业种类较多,部分产业企业数量少、关

联度不强且不符合园区产业定位

与上一条情况类似,化工园区作为地方招商引资的重要平台,在早期让地方尝到了经济增长的甜头。由于注重招商引资,强调投资强度、土地利用率和单位面积产出情况,不重视环保门槛的设置,选资标准不科学,产业定位和发展方向不清晰,逐渐造成了园区产业结构的混乱,增大了污染控制的难度。

本次研究的化工产业园区上轮规划建设至今涉及的工业企业有82家,其中在产企业51家,在建企业8家,拟建企业5家,近期停产拟关停企业13家,已关停企业5家。如表6.1.1所示,园区内企业涉及产业种类较多,部分产业企业数量少且企业关联度不强。

《省政府关于加强全省化工园区化工集中区规范化管理的通知》(苏政发〔2020〕94号)中要求"进一步明确化工园区、化工集中区产业定位并重点发展1~2条具有较高产业关联度的产业链或特色产品链"。近年来,经过化工产业安全环保整治提升,园区已关停了5家企业,近期拟关停13家企业,逐步淘汰企业数量少且企业关联度不强的产业,拟关停企业后续不再复产。现有不符合规划产业定位的非化工企业,可维持现状或技改升级和环保提升,与规划产业定位不符的企业逐步进行搬迁或清退。

根据《关于进一步深入推进全省化工园区化工集中区产业转型升级高质量发展的通知》(苏化治〔2021〕6号)要求,园区近期拟关停一批低端低效企业,对于不符合产业定位的其他企业,短期内对其加强管理,确保各类污染物达标排放,远期进行搬迁清退。本次研究的化工产业园区以本轮规划为发展契机,在充分调研区域产业发展现状和国家、省"十四五"发展政策的基础上,明确了本轮园区主导产业为特色化工新材料、医药大健康化学品。园区后续开发建设应严格产业准入门槛,发展关联度强的企业,提高产业链的关联度。

3. 园区集中供热不稳定,部分时间供热能力不足,且有2台锅炉烟气氮氧化物无法稳定达到超低排放标准

本次研究的化工产业园区集中供热企业共计 4×50 t/h 的供热能力,其中两台50 t/h低压煤粉锅炉已经运行多年,存在设备老化、故障率高、热效率逐年降低、出力不足等问题,且锅炉烟气氮氧化物无法稳定达到超低排放标准。随着园区企业的不断扩产,热负荷持续不断增加,园区现有锅炉的供热能力已经无法满足热负荷增长需求。现有4台锅炉在高峰期全部满负荷运

行,没有备用,一旦发生故障,将严重影响区域集中供热的可靠性,因此需要对集中供热设施进行提升改造。

为满足园区未来发展的供热需求,对照地区热电联产规划,园区集中供热企业计划对新建锅炉项目"上大压小",形成 265 t/h 的供热总规模,另配备 100 t/h 备用热源。目前该项目已进行立项,主体工程及环保设施按照超低排放指标设计,脱硝工艺采用炉内脱销和 SCR 脱硝双重工艺,确保氮氧化物稳定达到超低排放标准要求。

为了提高园区企业的用热稳定性和经济性,建议可在条件允许的情况下,适当引入园区外部供热能力作为补充备用,进一步确保园区稳定集中供热。

4. 本次研究的化工产业园区及周边仍存在异味恶臭影响,部分企业废气收集、治理措施还需加强

本次研究的化工产业园区内化工企业多数为化学原料、化工新材料、农药、医药等行业,多数企业产品繁多、生产工艺流程长,生产使用的原辅材料种类也较多,生产过程排放的废气成分复杂,存在多种异味、恶臭物质,废气收集、治理不到位就会对区内及周边造成异味恶臭影响。区内个别企业仍存在应收未收、收集不彻底不合理的情况,部分收集效率达不到 90% 以上,是造成园区及周边异味较重的主要原因。

对照《挥发性有机物无组织排放控制标准》(GB 37822—2019)以及地区 VOCs 治理政策文件要求,本次研究的化工产业园区已经完成了现有 30 家企业的 VOCs 整治工作,初步削减了园区及周边异味影响。

在后期的开发建设过程中,园区将继续推动企业贯彻落实《挥发性有机物无组织排放控制标准》(GB 37822—2019),提升企业 VOCs 收集能力,优化园区企业 VOCs 治理效果。同时,依托园区智慧平台完善 VOCs 监控管理体系建设,加强对 VOCs 废气的溯源跟踪能力。

5. 本次研究的化工产业园区单位工业增加值新鲜水耗偏高,整体中水回用率较低

经计算,本次研究的化工产业园区 2020 年和 2021 年单位工业总产值新鲜水耗分别为 18.63 m³/万元、13.27 m³/万元,未达到《绿色化工园区评价导则》(HG/T 5906—2021)相关指标(10 m³/万元)要求。园区现有中水回用率约 7.3%,园区整体中水回用率较低。

为贯彻落实国家发展改革委等十部门《关于推进污水资源化利用的指导意见》(发改环资〔2021〕13号)要求,按照《江苏省推进污水资源化利用的实施方案》(苏发改资环发〔2021〕1047号),加快推进园区污水资源化利用,推动园区高质量发展,提高园区再生水资源化利用水平,本次研究的化工产业园区在新一轮开发建设规划期间,将根据园区开发建设进展需求,推进主要排水企业适时建设中水回用设施,布设中水回用管网,确保规划远期达到再生水(中水)回用率40%以上要求。同时,采取有效的节水措施,加强工业水循环利用,提高工业用水重复利用率,降低单位工业增加值新鲜水耗。

6.7.2　主要制约因素

1. 大气环境质量现状属于不达标区

根据市生态环境局公布的2021年度环境状况公报及园区南大气站检测数据,本次研究的化工产业园区区域PM$_{2.5}$超标,区域为大气环境质量不达标区。这将对园区产业引入与发展形成一定制约,对企业的污染物排放提出了更高要求。大气环境质量现状(特别是颗粒物)是制约园区开发建设规划实施的制约因素。

根据市生态环境局制定的大气环境质量达标规划,远期规划至2035年,主要大气污染防治任务包括:深化工业污染治理、持续推进重点行业深度治理、推进区域协同管控、有效应对重污染天气、加大清洁能源发展利用、全面提升大气环境监测监管能力、加强能力建设。预计采取上述措施后,区域环境空气污染状况预计将有所缓解,环境空气质量指数整体向好。

2. 规划范围内用地现状仍有一般农用地

对照现行区域国土空间规划,本次研究的化工产业园区规划范围内现有部分一般农用地,在园区后期开发建设过程中将被占据,可开发用地受限。

在本次规划评价过程中,经园区管委会与相关部门的充分沟通,市自然资源和规划局出具了关于本次研究区用地情况的说明,将其纳入新一轮在编市国土空间总体规划的城镇开发边界和建设用地范围,并要求合法合规有序做好用地性质调整工作。调整到位之前,限制该区域开发建设。

3. 园区开发程度相对较高,后续发展的可利用地面积相对较小

调查表明,本次研究的化工产业园区现有开发程度已超过60%,即现状开发程度已较高,可利用土地面积较小,对后续规划发展形成一定制约。为

解决此困境,需进一步依托现有企业的能级提升、腾笼换鸟以及关停企业土地的二次开发利用实现。

4. 园区部分区域道路和雨水管网建设不完善

园区部分未开发区域,暂无规范道路,区域部分雨水管网建设不完善。

5. 园区位于所在地级市区次主导风向上风向,不利气象条件下存在异味影响

本次研究的化工产业园区距离城市主城区十余公里,区内主要企业为化工企业,原辅材料种类较多,废气成分复杂,存在多种异味、恶臭物质,尤其是H_2S,且嗅阈值较低,企业非正常工况导致恶臭、异味扰民情况时有发生。

园区应督促企业提高工艺装备水平,加快推进企业贯彻落实《挥发性有机物无组织排放控制标准》(GB 37822—2019),提升环境管控能力,优化园区企业 VOCs 治理效果。同时,依托园区智慧平台,完善 VOCs 监控管理体系建设,加强对 VOCs 废气的溯源跟踪能力,削减恶臭、异味影响。

6. 化工产业风险源多的制约

本次研究的化工产业园区重点发展化工产业,涉及较多危险化学品的使用、储存,存在较多重大风险源,要求园区在环境管理过程中须重点关注环境风险的控制与防范。

7. 园区周边环境敏感目标的制约

根据本次研究的化工产业园区安全距离测绘报告及现场踏勘结果,园区边界外设置了 500 m 防护距离,其间无居民、学校、医院等敏感目标。但距离园区边界 500～600 m 范围内仍有多个居民住宅区。园区周边居民区距离园区较近将对园区开发建设活动造成制约,园区应进一步加强生产过程中的异味管控,消除异味扰民的现象,必要时对园区周边居民区进行进一步拆迁安置。

从生态环境格局来看,本次研究的化工产业园区距离生态空间管控区域——某洪水调蓄区仅 180 m,距离国家级生态保护红线——某饮用水源地保护区仅 660 m,生态空间管控区域的管控要求将对园区开发建设活动造成制约,园区应加强生态环境保护与监管工作,禁止企业在生态空间区域排放污染物和堆放固体废物。

8. 淮河流域与南水北调东线工程相关区域政策的制约

《淮河流域水污染防治暂行条例》(2011 年 1 月 8 日修正版)中规定:禁

止在淮河流域新建化学制浆造纸企业。禁止在淮河流域新建制革、化工、印染、电镀、酿造等污染严重的小型企业。严格限制在淮河流域新建前款所列大中型项目或者其他污染严重的项目；建设该类项目的，必须事先征得有关省人民政府环境保护行政主管部门的同意，并报国务院环境保护行政主管部门备案。

根据《南水北调东线治污工程规划》，南水北调工程的建设始终贯彻党中央国务院关于南水北调建设"先节水后用水，先治污后通水，先环保后用水"的"三先三后"原则，积极加强水源地和沿线水污染防治力度，把南水北调沿线打造成"清水走廊""绿色走廊"。宿迁市截污导流工程是《南水北调东线工程治污规划》和《南水北调东线工程江苏段控制单元治污实施方案》确定的治污项目，是保证东线调水水质稳定达到地表水Ⅲ类标准的关键工程。

《江苏省南水北调工程沿线区域水污染防治管理办法》第十三条规定：在南水北调工程输水干线内不得新设排污口，对原有的排污口，沿线区域县级以上地方人民政府应当限期拆除。在沿线区域其他水体设置排污口、扩大排污口或者改变排污口位置的，应当符合水体水质标准和污染物排放总量控制以及削减幅度的要求。不符合要求的，有关部门不得批准。

本次研究的化工产业园区位于淮河流域，距南水北调东线工程最近距离约13.5 km，区域截污导流工程仍处于试运行阶段，且分配给园区污水处理厂的导流规模较小，淮河流域和南水北调东线工程相关区域政策对园区开发建设活动造成制约。园区应执行淮河流域和南水北调相关政策要求，保护区域环境。

9. 二〇三〇年前碳排放达峰的制约

《江苏省国民经济和社会发展第十四个五年规划和二〇三五年远景目标纲要》中提到：实施碳排放总量和强度"双控"，抓紧制定二〇三〇年前碳排放达峰行动计划，支持有条件的地方率先达峰。碳达峰、碳中和目标的提出，将使得清洁能源逐渐成为主流，低碳能源消耗转型进入加速阶段；未来一段时期是转变发展方式、优化经济结构、转换增长动力的关键时期。

化工园区是碳排放的重要平台，在减污降碳的大背景下，面临着挑战也承载着发展机遇。本次研究的化工产业园区应该以产业结构优化和能级提升为支撑，以产业基础为保障，构建绿色发展目标、加强研发资金的投入，努力提升化工工业固碳技术水平,加快形成现代化的化工产业体系的集聚优势和良性发展态势,实现减污降碳、降耗增效。

6.7.3 整改措施及计划

根据国家和地方各级管理部门对化工园区的管理要求及最新文件要求,以下通过对本次研究的化工产业园区产业定位与环境准入、用地规划与功能区布局、环保手续履行、入区企业污染控制、环保基础设施、环境质量现状、环境管理现状等方面内容评价分析,对园区开发建设目前存在的环境问题和制约因素进行总结,并提出相应的整改措施及计划,详见表 6.7.1。

表 6.7.1　本次研究的化工产业园区目前存在的主要环境问题与制约因素整改措施及计划

序号	存在问题	整改措施及要求
1	园区用地布局现状与上轮用地规划不相符	本次研究的化工产业园区本轮开发建设规划对上轮用地布局进行调整,使现状用地总体符合本轮规划的用地布局。市政府针对研究区规划范围内用地性质和产业发展出具了针对性的说明材料,明确其用地性质由城镇建设用地调整为三类工业用地。调整后,使得现状用地总体能够符合本轮规划的用地布局。市自然资源和规划局出具了关于本次研究区用地情况的说明,将其纳入新一轮在编市国土空间总体规划的城镇开发边界和建设用地范围
2	上轮规划期间园区企业涉及产业种类较多,部分产业企业数量少、关联度不强且不符合园区产业定位	经过化工产业安全环保整治提升,本次研究的化工产业园区已关停了 5 家企业,本轮规划近期拟关停 13 家企业,逐步淘汰企业数量少且企业关联度不强的产业,拟停产关停企业后续不再复产。现有不符合规划产业定位的 8 家非化工企业,可维持现状或技改提升,远期对于与规划产业定位不符的企业进行逐步搬迁或清退。目前新一轮的产业规划已明确了园区主导产业为特色化工新材料、医药大健康化学品。建议园区后续开发建设应严格产业准入门槛,发展关联度强的企业,提升园区化工企业占比,提高产业链的关联度
3	园区集中供热不稳定,部分时间供热能力不足,且有 2 台锅炉烟气氮氧化物无法稳定达到超低排放标准	本次研究的化工产业园区集中供热企业计划对新建锅炉项目"上大压小",形成 265 t/h 的供热总规模,另配备 100 t/h 备用热源。目前该项目已进行立项,主体工程及环保设施按照超低排放指标设计,脱硝工艺采用炉内脱销和 SCR 脱硝双重工艺,确保氮氧化物稳定达到超低排放标准要求。同时可在条件允许的情况下,适当引入园区外部供热能力作为补充备用,进一步确保园区稳定集中供热
4	园区及周边仍存在异味恶臭影响,部分企业废气收集、治理措施还需加强	本次研究的化工产业园区已完成了 30 家企业 VOCs 整治工作,初步削减了园区及周边异味影响。建议进一步加快推进企业贯彻落实《挥发性有机物无组织排放控制标准》(GB 37822—2019),提升企业 VOCs 收集能力,优化园区企业 VOCs 治理效果。同时,依托园区智慧平台,完善 VOCs 监控管理体系建设,加强对 VOCs 废气的溯源跟踪能力。在项目准入方面,VOCs 执行现役源 2 倍、关闭源 1.5 倍削减量替代;在无法落实总量削减途径的情况下,涉 VOCs 建设项目不得审批

续表

序号	存在问题	整改措施及要求
5	园区单位工业增加值新鲜水耗偏高,整体中水回用率较低	根据本次研究的化工产业园区开发建设进展需求,新一轮开发建设规划期间,推进园区污水处理厂和主要排水企业适时建设中水回用设施,布设中水回用管网,确保规划远期达到再生水(中水)回用率40%以上要求。同时,采取有效的节水措施,加强工业水循环利用,提高工业用水重复利用率,降低单位工业增加值新鲜水耗
6	园区区域 2020 年为空气质量不达标区,超标因子为 $PM_{2.5}$	根据市生态环境局制定的大气环境质量达标规划,远期规划至2035年,主要大气污染防治任务包括:深化工业污染治理、持续推进重点行业深度治理、推进区域协同管控、有效应对重污染天气、加大清洁能源发展利用、全面提升大气环境监测监管能力、加强能力建设。预计采取上述措施,区域环境空气污染状况预计将有所缓解,环境空气质量指数整体向好
7	规划范围内用地现状仍有一般农用地,但不涉及永久基本农田	在本次研究的化工产业园区规划评价过程中,经管委会与相关部门的充分沟通,市自然资源和规划局出具了关于本次研究区用地情况的说明,将其纳入新一轮在编市国土空间总体规划的城镇开发边界和建设用地范围,并要求合法合规有序做好用地性质调整工作。调整到位之前,限制该区域开发建设
8	研究区开发程度相对较高,后续发展的可利用地面积相对较小	需要依托现有企业的能级提升、腾笼换鸟以及关停企业土地的二次开发利用实现
9	研究区部分区域道路和雨水管网建设不完善	加快园区开发建设,建设规范道路,完善雨水管网建设
10	研究区位于城市次主导风向上风向,不利气象条件下存在异味影响	本次研究的化工产业园区应督促企业提高工艺装备水平,加快推进企业贯彻落实《挥发性有机物无组织排放控制标准》(GB 37822—2019),提升环境管控能力,优化园区企业 VOCs 治理效果。同时,依托园区智慧平台,完善 VOCs 监控管理体系建设,加强对 VOCs 废气的溯源跟踪能力,削减恶臭、异味影响
11	研究区重点发展化工产业,涉及较多危险化学品的使用、储存,存在较多重大风险源	本次研究的化工产业园区在环境管理过程中需重点关注环境风险的控制与防范。建立有毒有害气体预警体系,完善重点监控区域预警和应急机制,涉及有毒有害气体的企业全部安装有毒有害气体监控预警装置并与园区智慧管理平台联网,加强监控。建立环境隐患排查整改及环境应急管理长效机制,将园区环境隐患排查及整改、环境应急物资管理、环境应急演练拉练、环境应急预案备案及修编等工作,纳入园区智慧管理平台进行信息化管理
12	周边环境敏感目标的制约	进一步加强生产过程中的异味管控,消除异味扰民的现象,必要时对园区周边居民进行进一步拆迁安置。同时加强生态环境保护与监管,禁止企业在生态空间区域排放污染物和堆放固体废物

序号	存在问题	整改措施及要求
13	淮河流域与南水北调东线工程相关区域政策的制约	本次研究的化工产业园区禁止新建制革、化工、印染、电镀、酿造等污染严重的小型企业;待区域截污导流工程投入运行后,园区污水处理厂尾水应尽快接入截污导流工程;执行淮河流域和南水北调相关政策要求,保护区域环境
14	二〇三〇年前碳排放达峰的制约	本次研究的化工产业园区应该以产业结构优化和能级提升为支撑,以产业基础为保障,构建绿色发展目标、加强研发资金的投入,努力提升化工工业固碳技术水平,加快形成现代化的化工产业体系的集聚优势和良性发展态势,实现减污降碳、降耗增效

7

环境影响识别与评价指标体系构建

7.1 环境影响识别

根据识别的环境影响与规划决策的关系,在规划的层次上,原则上应关注涉及发展规模及区域环境承载力、功能布局和产业结构的环境影响问题。本次研究的化工产业园区发展规划决策可能涉及的环境影响见表 7.1.1 和表 7.1.2。

表 7.1.1　本次研究的化工产业园区发展规划环境影响重点识别

影响要素	可能存在的环境影响
土地资源	① 规划区开发强度较大,近期规划新增工业用地面积 148.9 hm^2,占规划近期工业用地的 22.13%,对区域土地资源影响较小 ② 生态建设有利于改善已开发土地资源的质量
水资源	① 产业规模扩大将增加水资源消费量 ② 基础设施建设尤其是供水设施、污水处理及中水回用设施建设将提高水资源的供给能力、改善水资源的配置和利用效率
能源	① 产业规模扩大将增加能源消费量 ② 交通运输量增加导致能源需求量增大 ③ 园区能源结构的调整和集中供热管网的完善,有利于提高能源利用水平
大气环境	① 产业规模的扩大将导致大气污染负荷增加,废气排放占用区域大气环境容量 ② 产业发展导向、产业布局调整会对大气环境质量产生影响 ③ 能源结构调整将直接影响大气环境质量 ④ 交通运输量的增加将加重大气环境压力
水环境	① 产业规模的扩大将导致废水产生量的增加 ② 污水处理及中水回用设施的建设完善将减少废水排放量,改善区域水环境质量
生态系统	① 产业规模增大等会对区域生态系统产生一定影响 ② 产业布局调整会对区域生态系统产生一定影响 ③ 生态建设开展将对生态系统产生有利的影响

影响要素	可能存在的环境影响
环境风险	① 区内工业企业日常生产过程中因操作不当、设备老化等原因产生有毒有害物质泄漏及火灾、爆炸事故导致的伴生/次生环境风险 ② 污水处理厂发生事故排放等

7.2 环境目标及规划评价指标体系

在规划期间,园区将迎来经济发展和工业建设迅速发展的时期,工业化水平将显著提升,这个阶段也往往是资源、环境保护压力进一步加剧的过程,历史环境欠帐和新生环境压力共存,发展与环境的矛盾更易激化。同时,该园区地处省内开发重要节点,既有良好的资源条件,同时也带来了生态环境保护的压力。因此,园区应从科学确定产业发展方向、提高资源利用效率、严格污染治理措施、加强环境监管力度等方面着力,以实现控制环境污染、改善环境质量、维护生态环境的目的。本次规划环评的环境保护规划目标及评价指标体系如表 7.2.1 所示,表中各规划指标值依据《国家生态工业示范园区标准》(HJ 274—2015)、《国家生态文明建设试点示范区指标(试行)》、《化工园区综合评价导则》(GB T39217—2020)、《绿色化工园区评价导则》(HG/T 5906—2021)、《江苏省"十四五"生态环境保护规划》、《某市"十四五"生态环境保护规划》、《某市大气环境质量限期达标规划》、《某市"三线一单"生态环境分区管控实施方案》等相关要求进行确定。

表 7.1.2 园区规划方案环境影响识别矩阵

规划方案		环境质量					生态环境		环境风险	资源能源				社会经济	
		水环境	大气环境	土壤环境	声环境	固体废物	陆域生态	水生生态	风险	土地资源	水资源	旅游资源	能源	经济结构	交通运输
产业发展	重点发展特色化工新材料,医药大健康化学品两个主导产业	-L2	-L3	-L3	-L2	-L3	-L1	-L1	-L3	-L1	-L2	-L2	-L2	+L3	+L3
用地布局	空间结构布局	-L2	-L2	-L2	-L1	-L2	-L2	-L1	-L3	-L1	-L2	-L2	-L2	+L3	+L3
	工业用地布局	-L2	-L2	-L1	-L1	-L2	-L2	-L1	-L3	-L1	-L2	-L2	-L2	+L3	+L3
生态建设	生态建设	+L2	+L3	+L3	+L2	+L2	+L3	+L3		+L3	-L2	+L2	-L2	+L3	+L3
	绿化建设	+L3	+L3	+L2	+L2		+L3	+L3		+L3	-L2	+L2	-L2	+L3	+L3
	环境保护	+L3	+L3	+L3	+L2	+L2	+L3	+L3		+L3	+L1	+L2	+L2	+L3	+L3
资源节约	节约,集约利用土地	+L2	+L3	+L2		+L2	+L3			+L3	+L3		+L3	+L3	+L3
	节约能源	+L3	+L3	+L2		+L2	+L2						+L3	+L3	+L3
	循环经济	+L3	+L3	-S1		+L2	+L2						+L3	+L3	+L3
基础设施	综合交通体系	-S1	-L2	-L2	-L2		-L2			-L2	+L2	+L2	+L2	+L3	+L3
	公用设施	+L3	+L1	+L3		+L3	+L3			-L1	+L2	+L2	+L3	+L3	+L3

注:表中"+"表示有利影响,"—"表示不利影响,"S"表示短期影响,"L"表示长期影响,"1"表示轻微影响,"2"表示中等影响,"3"表示重大影响。

表 7.2.1　环境保护规划目标及评价指标体系

项目	指标名称	单位	现状值 2020 年	目标值 2025 年	目标值 2035 年	标准值
环境质量	1. 区域环境噪声达标区覆盖率	%	100	100	100	100
	2. 空气质量良好以上天数比率（③）	%	79.18	82.00	85.00	宿迁市 75 江苏省 82 左右
	3. 颗粒物 PM$_{2.5}$ 年平均浓度（③）	μg/m³	41.0	32.6	32.5	35
	4. 颗粒物 PM$_{10}$ 年平均浓度	μg/m³	67.0	66.0	65.0	70
	5. 二氧化硫（SO$_2$）年平均浓度	μg/m³	8.0	7.5	7.5	60
	6. 二氧化氮（NO$_2$）年平均浓度	μg/m³	29.0	27.0	27.0	40
	7. 一氧化碳（CO）24 h 平均浓度	mg/m³	1.26	1.20	1.20	4
	8. 臭氧（O$_3$）日最大 8 h 平均浓度	μg/m³	151	150	150	160
	9. 土壤环境质量	—	达标	达标	达标	达标
	10. 纳污水体劣 V 类水质比例	%	7.99（朱岭电灌站）	0	0	基本消除劣 V 类
污染控制	11. 园区重点污染源稳定排放达标情况（①）	%	100	100	100	100
	12. 污水集中处理率	%	100	100	100	100
	13. 单位工业增加值废水排放量	t/万元	57.8	26.1	7.8	—
	14. 危险废物安全处置率（③）	%	100	100	100	100
	15. 单位工业用地一般固废量	t/hm²	246.4	220.0	200.0	—
	16. 单位工业用地危险废物量	t/hm²	127.1	100.0	80.0	—
	17. COD 排放量	t	979.28	672.08	676.31	—
	18. 氨氮排放量	t	97.93	67.21	67.63	—
	19. 二氧化硫（SO$_2$）排放量	t	796.476	292.799	315.322	—

续表

项目	指标名称	单位	现状值 2020年	目标值 2025年	目标值 2035年	标准值
污染控制	20. 氮氧化物排放量	t	1192.761	543.566	567.997	—
	21. 挥发性有机物排放量	t	340.379	317.303	403.903	—
	22. 单位工业总产值综合能耗(②)	t标准煤/万元	0.52	0.50	0.45	≤2.0
	23. 单位工业总产值新鲜水耗(②)	m^3/万元	18.63	10.00	5.00	≤10
	24. 再生水(中水)回用率(②)	%	7.3	30.0	40.0	≥10
绿色低碳	25. 工业用水重复利用率(②)	%	90	92	95	≥90
	26. 单位土地主营业务收入(②)	亿元/km^2	23.63	30.00	40.00	≥20
	27. 单位工业增加值CO_2排放强度	t CO_2/万元	5.48	4.50	2.00	—
	28. 防护绿地面积	hm^2	81.50	81.50	121.76	—
风险防范	29. 工业园区内企事业单位发生特别重大、重大突发环境事件数量(①)	次	0	0	0	0
	30. 重点企业环境突发应急预案编制、备案及演练完善度(①)	—	较完善	完善	完善	—
	31. 园区环境风险防控体系建设完善度(①)	%	100	100	100	100
环境管理	32. 环境管理能力完善度(①)	%	100	100	100	100
	33. 工业园区重点企业清洁生产审核实施率(①)	%	100	100	100	100
	34. 工业园区重点企业清洁生产水平	—	Ⅱ级(国内清洁生产先进水平)	Ⅱ级(国内清洁生产先进水平)	Ⅱ级(国内清洁生产先进水平)	—
	35. 园区环境风险事故应急演练频次	次/a	1	1	1	1
	36. 监测能力现代化管理	—	良好	先进	先进	—
	37. 重点企业信息公开率(①)	%	100	100	100	100

8

污染源预测分析

8.1 污染源预测思路

环境影响预测与评价的方式和方法可参考《环境影响评价技术导则 大气环境》(HJ 2.2—2018)、《环境影响评价技术导则 地表水环境》(HJ 2.3—2018)、《环境影响评价技术导则 声环境》(HJ 2.4—2021)、《环境影响评价技术导则 生态影响》(HJ 19—2022)、《环境影响评价技术导则 地下水环境》(HJ 610—2016)等环境影响评价技术导则执行。主要方法有类比分析、对比分析、负荷分析(估算单位国内生产总值物耗、能耗和污染物排放量等)、弹性系数法、趋势分析、系统动力学法、投入产出分析、供需平衡分析、数值模拟、环境经济学分析(影子价格、支付意愿、费用效益分析等)、综合指数法、生态学分析法、灰色系统分析法、叠图分析、情景分析、相关性分析、剂量-反应关系评价等。

江苏省生态环境厅要求园区从规划、环评层面要立足高质量发展、提升改造的原则,应尽量做减法不做加法,所有园区应在现有企业中深入挖掘减排潜力(包括企业提标改造、搬迁、关停、面源治理、中水回用、人工湿地建设等减排措施和减排工程)。对处于优化调整阶段的园区,原则上除了特征因子外,其他因子不新增排放量,除非有重大项目等特殊原因;对处于初创阶段的园区,适当放宽要求,使得园区风险可控、环境质量持续改善。

本次研究化工产业园区占地面积不大,但区内现有企业数量较多,变动性较大,现有企业化工产业存在一定的关联性,现状排污系数具有一定的产业代表性。综上,确定本次污染源预测遵循如下原则:

(1)在现状污染源统计分析的基础上,结合同类化工产业园区类比排污系数进行污染源预测。多数化工产业园区主要参考区内现有产业的排污系数。按照用地类型,结合发展规划,同时参照其他类似化工产业园区,确定单位面积的排污系数,预测区内污染物的产生量和排放量。

(2) 工业污染源预测:由于该类工业集聚区往往入区企业数量较少,企业样本小,产业关联度不高,区内企业以中小企业为主,受招商、环保管理政策影响,规划主导产业变动性较大,区内入驻企业产业类别杂乱,故参照已入区企业进行排污系数估算实际意义不强。针对该类园区,建议在参考入区企业排污系数的基础上,参考同类型工业园区。本书评价新增污染源强主要考虑以下两部分:①拟建、在建项目污染源;②未开发用地新增的污染物排放。已批在建项目污染源根据其环评报告确定,拟建项目根据前期工程资料进行污染源估算。未开发用地新增污染源主要采用单位工业用地面积排污系数法进行预测。统计园区现有已开发化工产业地块(扣除拟关停地块)的排污量(规划不予引进的现有项目排污量不计),除以用地面积,得出单位用地面积污染物排放系数。

(3) 污染物排放量应在工业园区采取以下污染控制措施的基础上进行预测:禁止自备燃煤锅炉,园区采用集中供热,因工艺需要设置的新建加热炉必须使用燃气、轻油、电等清洁能源。区内所有企业工艺废气经处理后,达标排放;生产和生活废水全部进污水处理厂集中处理,达标排放;工业固体废物全部实现分类无害化处置。

(4) 削减源:①区内企业污染物排放标准加严的削减情况。例如"绿色标杆"示范企业要求申报企业执行最严的排放标准。鼓励燃煤电厂采取工程措施一步到位,实现超超低排放,PM、SO_2、NO_x 排放浓度不高于 5 mg/m^3、25 mg/m^3、30 mg/m^3;危废焚烧处置行业 PM、SO_2、NO_x 排放浓度不高于 15 mg/m^3、50 mg/m^3、200 mg/m^3。园区鼓励现有企业申报创建"绿色标杆"示范企业,故规划环评按"绿色标杆"示范企业实施方案要求,进行绿色化改造和源强削减。②关停搬迁区内部分企业。园区为了淘汰落后产能、促进产业结构调整和转型升级,对区内各企业的产业关联度、经济税收、能耗强度、安全管控、环保管理几方面进行综合评价之后,制定关停或搬迁清退企业名单及时限,对照名单全面清理形成区域削减源。根据苏办〔2019〕96 号文,本次研究的化工产业园区管委会对区内安全和环保整治不达标的 26 家企业进行逐步关停,现已关停 5 家,后续 13 家近期将陆续关闭,规划远期将对区内

8家非化工企业实施全面搬迁,形成区域削减源。

8.2 大气污染源预测

本书评价新增大气污染源强主要考虑以下两部分:在建、拟建项目大气污染源;未开发用地新增的大气污染源。

1. 在建、拟建项目大气污染源

本次评价收集园区内在建、拟建项目排污情况,统计区内在建、拟建项目污染源汇总情况。本次研究的化工产业园区在建、拟建项目污染源统计情况见表8.2.1。

2. 可开发建设用地新增大气污染源

本次研究的化工产业园区本轮规划主导产业为特色化工新材料、医药大健康化学品,根据统计,区内现有已开发特色化工新材料及医药行业地块(扣除拟关停地块)用地面积为 193.04 hm^2,类比上述地块现有排污量(不符合后续入区准入条件项目的产污量扣除),计算可开发建设用地的新增污染量,结果见表8.2.2和表8.2.3。

8.3 水污染源预测

本次研究的化工产业园区现有两家企业未接管,区内其他企业废水均接管排入园区污水处理厂处理。据统计,近两年园区污水处理厂接管量分别为3 141 476 t(2019 年)和3 165 140 t(2020 年),按全年 330 d 生产折算,平均每天不足 1.0 万 t。折算园区现有接管企业废水排污系数 1.245 万 t/(a · hm^2),考虑园区产业更新升级,规划近期废水排放系数在现有基础上乘以 0.85 计,考虑规划近期可开发利用面积为 117.12 hm^2,预计近期新增废水排放量为123.913 万 t/a。经统计,近期关停企业可减少废水量 32.317 万 t/a。此外,本次研究的化工产业园区拟建、在建企业废水排放量约 83.715 万 t/a,详见表8.3.1。

表 8.2.1 本次研究的化工产业园区在建、拟建项目污染源统计情况

单位：t/a

序号	企业名称	SO_2	NO_x	VOCs	二噁英 TEQmg	HCl	NH_3	H_2S	Cl_2	氟化物	硫酸雾	CO	甲醇	丙酮	甲苯	甲醛	苯乙烯	乙醇	二甲苯	三甲胺	Pb
1	某药业有限公司	0.238		1.427	0	0.107	0.054	0.039		0.845											
2	某新材料有限公司1	0.029 6		0.283 8	0																
3	某新能源科技有限公司	0.325			0	0.000 9	0.351				0.000 2						0.025				
4	某医药科技有限公司	11.169	33.506	10.943 2	22.337	8.300 9	0.792 9	0.002 8	0.000 3	0.447		2.234	1.669 1	0.086	1.337 9						
5	某科技有限公司			0.262 6	0		0.007 6	0.000 29						0.102 9		0.128 6					
6	某医药有限公司	0.002	0.002 1	1.442	0	0.002 4	0.125	0.003 2													
7	某新材料有限公司2	6.955	53.001	9.121	44.67	0.497	0.127	0.001 3		0.223	0.012 7	3.351	2.145		0.798	0.108					
8	某新材料有限公司3	1.41	4.766	1.544	0		0.002	0.019													
9	某硅化学股份有限公司六期项目			0.033 5	0	1.393															
10	某环保科技有限公司	26.64	39.96	1.733	23.98	6.66	1.053	0.153		0.333		13.32									0.067
11	某电源有限公司二期项目										1.902 9										0.422 9
12	某化工股份有限公司南厂区技改项目	0.03		3.514	0	0.007 2	0.007 2	0.005 2			0.375		0.294		2.859						
13	某硅化学股份有限公司五期项目	0.476	0.69	0.512 4	0		0.013	0.018				6.337	0.063 4	0.188 9		0.236 6		0.096 2	0.17	0.005 8	
	合计	46.652	131.973	30.816 5	90.987	16.961 2	2.532 7	0.241 79	0.000 3	1.848	2.290 8	25.242	4.171 5	0.188 9	4.994 9	0.236 6	0.025	0.096 2	0.17	0.005 8	0.489 9

表 8.2.2 本次研究的化工产业园区根据排污系数核算大气污染物排放量

项目	用地面积(hm²)	类别	*SO₂	*NOₓ	*PM₁₀	硫酸雾	苯	甲苯	甲醇	甲醛	丙酮
已建在产化工、医药用地	193.04	实际排放量(t/a)	34.078	37.142	33.611	3.987	0.323	22.833	29.503	0.761	4.527
上轮规划折算排污系数[t/(a·hm²)]			0.177	0.192	0.174	0.021	0.002	0.118	0.153	0.004	0.023
本轮规划折算排污系数[t/(a·hm²)]			0.142	0.154	0.139	0.017	0.001	0.095	0.122	0.003	0.019
近期可开发利用面积(未开发+拟关停企业用地)	117.12	折算新增排放量(t/a)	16.584	17.990	16.303	1.935	0.157	11.082	14.320	0.369	2.197
规划远期可开发利用面积(未开发+拟关停企业用地)	276.18	折算新增排放量(t/a)	39.107	42.421	38.444	4.563	0.370	26.134	33.768	0.871	5.181

备注: *区内现有化工医药企业废气污染物排放量统计时,将产业关联度差的某公司煤制合成项目产生的 SO_2、NO_x 和 PM_{10} 的排放量予以扣除。

表 8.2.3 本次研究的化工产业园区采用上轮规划产业核算大气污染物排放量

项目	用地面积(hm²)	类别	*HCl	HF	Cl₂	CS₂	NH₃	H₂S	VOCs	CO	二噁英TEQg
已建在产化工、医药用地	193.04	实际排放量(t/a)	17.991	0.158	2.415	0.046	28.509	0.637	293.192	24.057	0.334
上轮规划折算排污系数[t/(a·hm²)]			0.093	0.000 8	0.013	0.000 2	0.148	0.003	1.523	0.125	0.002
本轮规划折算排污系数[t/(a·hm²)]			0.060	0.000 66	0.010	0.000 2	0.118	0.003	0.578	0.100	0.001
近期可开发利用面积(未开发+拟关停企业用地)	117.12	折算新增排放量(t/a)	6.986	0.077	1.172	0.022	13.837	0.309	67.695	11.677	0.162
远期可开发利用面积(未开发+拟关停企业用地)	276.18	折算新增排放量(t/a)	16.473	0.181	2.764	0.053	32.630	0.729	159.632	27.534	0.382

备注: *区内现有化工医药企业废气污染物排放量统计时,某企业盐酸使用量大,今后限制 HCl 排放量大的项目进园,故不予考虑。

表 8.3.1　本次研究的化工产业园区拟建、在建项目废水排放量统计

序号	企业名称	建设情况	废水量(t/a)
1	某药业有限公司	在建	47 933.14
2	某新材料有限公司1	在建	1 440
3	某新能源科技有限公司	在建	74 722.72
4	某医药科技有限公司	在建	206 123.01
5	某科技有限公司	在建	2 783
6	某医药有限公司	在建	40 380
7	某新材料有限公司2	在建	223 963.22
8	某新材料有限公司3	在建	14 670
9	某电源有限公司二期项目	在建	96 000
10	某化工股份有限公司南厂区技改项目	在建	52 909.4
11	某硅化学股份有限公司五期项目	在建	19 871.89
12	某硅化学股分有限公司六期技改	拟建	26 530
13	某环保科技有限公司	拟建	29 820
合计			837 146.38

　　本次研究的化工产业园区污水处理厂远期废水处理量预测以近期接管量为基准,重新测算废水排污系数。核算远期开发用地(276.18 hm²)较近期(117.12 hm²)新增部分(159.06 hm²)的废水排放量为 238.59 万 t/a,并扣除远期拟关停企业的废水排放量 3.519 万 t/a,得到园区污水处理厂废水接管量,具体预测结果见表 8.3.2。

表 8.3.2　本次研究的化工产业园区污水处理厂近、远期废水处理量预测表

序号	项目	单位(万 t/a)	备注
(1)	现状排水量	316.514	
(2)	拟建、在建项目废水排放量	83.715	
(3)	近期开发用地新增废水量	123.913	
(4)	近期关停企业减少废水量	32.317	
(5)	近期污水处理厂增加水量	175.311	(2)＋(3)－(4)
(6)	近期污水处理厂接管废水量	491.825(折 1.49 万 t/d)	(1)＋(5)
(7)	远期开发用地新增废水量(较近期)	238.590	

序号	项目	单位(万 t/a)	备注
(8)	远期关停企业减少废水量(较近期)	3.519	
(9)	远期污水处理厂增加水量(较近期)	235.071	
(10)	远期污水处理厂接管废水量	726.896(折 2.20 万 t/d)	(6)+(9)

由表 8.3.2 可知,近期污水处理厂接管废水量为 491.825 万 t/a(折 1.49 万 t/d),远期排入园区污水处理厂的废水量为 726.896 万 t/a,折合 2.20 万 t/d,不会突破本次研究的化工产业园区污水处理厂 2.5 万 t/d 的处理能力,因此污水处理厂规划期内无需扩建。

根据调查,本次研究的化工产业园区现有两家未接管企业 2020 年废水排放量均未突破现有批复许可量(见表 8.3.3),规划近期要求直接排放企业统一执行污水处理厂排水标准,必须达到一级 A 标准。尾水导流二期投入运行后,直接排放企业处理达标的废水与污水处理厂尾水一起排放。

表 8.3.3　本次研究的化工产业园区未接管企业废水排放表

企业名称	2020 年排放量(万 t/a)	批复许可量(万 t/a)
直接排放企业 1	112.45	126.75
直接排放企业 2	1 529.6	1 544.5

本次研究的化工产业园区水污染源预测情况:

规划近期:①园区污水处理厂处理量约 1.49 万 t/d,中水回用率 40%(约 0.6 万 t/d),0.9 万 t/d 的尾水,经污水处理厂排口排放;②直接排放企业 1 属于非化工企业,根据园区制定的搬迁计划该企业近期将搬出园区,其排放的废水将不再考虑;③直接排放企业 2 制定的中水回用方案(近期至 2025 年中水回用率约 30%)可减少排水 13 756 t/d,折合 458.07 万 t/a,预计排水量 1 047.15 万 t/a。所有出水水质均执行一级 A 标准。

规划远期:①园区污水处理厂远期规模不突破 2.5 万 t/d,按中水回用率 40%(约 1.0 万 t/d),实际排放量不突破 1.5 万 t/d,折合排水量 495 万 t/a;②由于规划远期区内所有非化工定位企业将全部搬迁,因此直接排放企业 1 的废水将不再考虑;③直接排放企业 2 制定的中水回用方案,2027 年后中水回用率达 40%以上,减少排水 19 167 t/d,折合 638.26 万 t/a,预计排水量 857.61 万 t/a。所有出水水质均执行一级 A 标准。

本次研究的化工产业园区规划近、远期园区废水排放量见表 8.3.4。

表 8.3.4　本次研究的化工产业园区近、远期废水排放量预测表　单位：t/a

规划情况	名称	废水量	COD	氨氮	总磷	总氮
近期	污水处理厂	297.00 万	148.50	14.85	1.49	44.55
	直接排放企业 2	1 047.15 万	523.58	52.36	5.24	157.07
	直接排放企业 1	—	—	—	—	—
	合计	1 344.15 万	672.08	67.21	6.73	201.62
远期	污水处理厂	495.00 万	247.50	24.75	2.48	74.25
	直接排放企业 2	857.61 万	428.81	42.88	4.29	128.64
	直接排放企业 1	—	—	—	—	—
	合计	1 352.61 万	676.31	67.63	6.77	202.89

8.4　固体废物产生量预测

本次研究的化工产业园区建设期间产生的固体废物主要有一般工业废物、危险废物和生活垃圾。一般工业废物综合利用，生活垃圾以填埋为主，危险废物主要包括废活性炭、废包装桶（袋）、污泥、工艺废渣、废液、废乳化油、废矿物油、废催化剂，委托有资质单位安全处置。

1. 拟建、在建项目固废产生量

本次研究的化工产业园区已批拟建、在建项目固废产生量见表 8.4.1。企业建设过程中，拟采取进一步源头削减措施，削减后预计危险废物产生量约 25 432 t/a，其中企业自行综合利用量约 157 t/a、自行焚烧处置量约 8 785 t/a、委外处置量约 16 490 t/a。一般工业固废产生量约 65 t/a。

2. 其他新增项目固废产生量

工业固废产生量计算公式如下：

$$V = S_1 \cdot M \tag{8-1}$$

式中：V——预测年工业固废产生量（t/a）；

S_1——产生系数；

M——工业用地面积，hm^2。

表 8.4.1 本次研究的化工产业园区已批拟建、在建项目固废产生量统计表

序号	企业名称	建设情况	危险废物产生量（t/a）			危险废物处置量（t/a）				一般工业废物产生量（t/a）
			环评报告产生量	源头削减	预计产生量	自行综合利用量	自行焚烧处置量	委外处置量		
1	某药业有限公司	在建	742.48	50	692.48	0	0	692.48		0
2	某新材料有限公司1	在建	28.714	2.2	26.514	1.45	0	25.064		0
3	某新能源科技有限公司	在建	390.071	35	355.071	156	0	199.071		0.8
4	某医药科技有限公司	在建	9 547.78	2 720	6 827.78	0	3 005.78	3 822		0
5	某科技有限公司	在建	60.237	10	50.237	0	0	50.237		64
6	某医药有限公司	在建	882.651	21.5	861.151	0	0	861.151		0
7	某新材料有限公司2	在建	8 921.786	3 045	5 876.786	0	5 032.568	844.218		0
8	某新材料有限公司3	在建	512.22	50	462.22	0	0	462.22		0.1
9	某硅化学股份有限公司五期技改项目	在建	345.805	45	300.805	0	136.035	164.77		0
10	某化工股份有限公司南厂区技改项目	在建	1 296.461	228	1 068.461	0	0	1 068.461		0
11	某电源有限公司二期项目	在建	33 366.62	28 678.42	4 688.2	0	0	4 688.2		0
12	某硅化学股份有限公司六期技改项目	拟建	1 060.57	400	660.57	0	110.79	549.78		0
13	某环保科技有限公司	拟建	3 730	168	3 562	0	500	3 062		0
	合计		60 885.395	35 453.12	25 432.275	157.45	8 785.173	16 489.652		64.9

本次研究的化工产业园区企业 2020 年危险废物产生量约 51 211 t,折算产生系数为 127.1 t/(hm² · a),一般工业固废产生量为 99 065 t,折算产生系数为 246.4 t/(hm² · a)。根据园区固废产生减量化的要求,单位工业用地面积固废产生量不得高于现状值,规划危废产生系数按近期 100 t/(hm² · a)、远期 80 t/(hm² · a),一般工业固废产生系数按近期 220 t/(hm² · a)、远期 200 t/(hm² · a)进行测算。其他新增项目工业固废产生量类比预测结果见表 8.4.2。

表 8.4.2　本次研究的化工产业园区规划新增工业固废产生量预测结果

规划阶段	新增可利用工业用地面积(hm²)	固废类别	固废量	
规划近期	117.12	一般工业废物	排放系数[t/(hm² · a)]	220
			排放量(t/a)	25 766
		危险废物	排放系数[t/(hm² · a)]	100
			排放量(t/a)	11 712
规划远期	276.18	一般工业废物	排放系数[t/(hm² · a)]	200
			排放量(t/a)	55 236
		危险废物	排放系数[t/(hm² · a)]	80
			排放量(t/a)	22 094

本次研究的化工产业园区规划近、远期危险废物产生及委外处置情况见表 8.4.3。

表 8.4.3　本次研究的化工产业园区规划近、远期危废产生及委外处置情况汇总表

单位:t/a

项目	企业危废产生量	企业自行综合利用量	企业自行焚烧处置量	企业委外处置量
在产项目现状	51 211	2 131	9 705	39 375
在建拟建项目	25 432	157	8 785	16 490
近期新增用地	11 712	0	0	11 712
远期新增用地	22 094	0	0	22 094
关停企业削减	−3 554	0	0	−3 554

项目	企业危废产生量	企业自行综合利用量	企业自行焚烧处置量	企业委外处置量
企业提升减排	−16 545	0	0	−16 545
近期合计	68 256	2 288	18 490	47 478
远期合计	78 638	2 288	18 490	57 860

本次研究的化工产业园区通过区内现有企业清洁生产提升可削减危废产生量约 16 545 t/a,关停企业削减 3 554 t/a,危险废物削减量共计 20 099 t/a。园区规划远期危险废物产生量为 78 638 t/a,其中企业(含在建拟建)自行综合利用 2 288 t/a,自行焚烧处置 18 490 t/a,委外处置量为 57 860 t/a。

此外,本次研究的化工产业园区现有工作人口约 1.1 万人,规划近期工作人口为 1.5 万人,远期达 1.8 万人,则近远期新增人数分别为 0.4 万人和 0.7 万人,生活垃圾产生量按 1 kg/(人·d)估算,工作天数按 330 d/a 计,计算得规划近期新增生活垃圾产生量约为 1 320 t/a,规划远期新增生活垃圾产生量约为 2 310 t/a。

3. 固废产生量汇总

本次研究的化工产业园区规划近、远期固废产生量汇总见表 8.4.4 和表 8.4.5。

表 8.4.4 本次研究的化工产业园区规划近期新增工业固废产生量预测结果

单位:t/a

固废类别	在产项目固废产生量	拟建、在建项目固废产生量	关闭、提升削减量	近期新增用地固废产生量	近期固废产生量	企业自行利用、焚烧削减量	近期企业委外处置量	处理方式
一般工业废物	99 065	65	0	25 766	124 896	0	124 896	综合利用
危险废物	51 211	25 432	−20 099	11 712	68 256	20 778	47 478	委托有资质单位处理
生活垃圾	3 630	—	0	1 320	4 950	0	4 950	环卫部门清运
合计	153 906	—	−20 099	38 798	198 102	20 778	177 324	—

表 8.4.5　本次研究的化工产业园区规划远期新增工业固废产生量预测结果

单位:t/a

固废类别	在产项目固废产生量	拟建在建项目固废产生量	关闭、提升削减量	远期新增用地固废产生量	远期固废产生量	企业自行利用、焚烧削减量	远期企业委外处置量	处理方式
一般工业废物	99 065	65	0	55 236	154 366	0	154 366	综合利用
危险废物	51 211	25 432	−20 099	22 094	78 638	20 778	57 860	委托有资质单位处理
生活垃圾	3 630	—	0	2 310	5 940	0	5 940	环卫部门清运
总计	153 906	—	−20 099	79 640	238 944	20 778	218 166	—

8.5　噪声污染源分析

本次研究的化工产业园区规划区内的噪声污染源大体上分为工业噪声源、交通噪声源、生活噪声源三类。园区大部分企业已经投产运营,有些项目正在建设。随着更多企业的入驻,建筑施工噪声、道路交通噪声、社会生活噪声将会加剧,本次规划范围建成后,除工业噪声影响外,还有交通噪声的影响,届时进出园区车辆造成的交通噪声将成为主要噪声源。

工业噪声源主要是各生产企业生产设备噪声,声级值多在 75～105 dB(A),主要分布在工业区;区内的社会生活噪声主要是区内工业企业职工生活噪声,源强多在 75～90 dB(A),集中分布在厂区的宿舍区;区内的交通噪声主要是道路上行驶的机动车产生的噪声,机动车行驶时的噪声源强多在 79～90 dB(A)。

9

规划区环境影响预测与评价

根据《规划环境影响评价技术导则 产业园区》(HJ 131—2021),环境影响预测与评价基本要求、方法可参照执行 HJ 130、HJ 2.2、HJ 2.3、HJ 2.4、HJ 19、HJ 169、HJ 610、HJ 964、HJ 1111,并根据规划实施生态环境影响特征、当地环境保护要求等确定预测与评价内容和方法。

9.1 大气环境影响预测

如上文污染源强预测章节所述,化工产业园区不同于大型工业园区,往往园区面积较小,主导产业明显,无机化工污染物以酸雾及重金属为主,有机化工污染物以 VOCs 为主(特别是异味污染物)。化工产业园区大气环境影响预测往往倾向于"化零为整""化繁为简",按照连续型面源方法进行预测,相对污染强度较大的拟建企业采用点源方式进行污染源叠加。不过值得一提的是,如确实需要按照产业片区规划的化工产业园区,其在面源预测时,也需要根据产业面积和系数进行分区叠加预测。

根据《环境影响评价技术导则 大气环境》(HJ 2.2—2018),大气环境影响预测的主要目标及重点在于分析项目正常排放条件下,预测环境空气保护目标和网格点主要污染物的短期浓度和长期浓度贡献值,评价其最大浓度占标率。同时,叠加环境空气质量现状浓度后,判断环境空气保护目标和网格点主要污染物的保证率日平均质量浓度和年平均质量浓度的达标情况。

对于项目厂界浓度满足大气污染物厂界浓度限值,但厂界外大气污染物短期贡献浓度超过环境质量浓度限值的,可以自厂界向外设置一定范围的大气环境防护区域,以确保大气环境防护区域外的污染物贡献浓度满足环境质量标准。

本书采用《环境影响评价技术导则 大气环境》(HJ 2.2—2018)附录 A 推荐模型中的 AERMOD 模型进行预测。

AERMOD 是一个稳态烟羽扩散模型,可基于大气边界层数据特征模拟点源、面源和体源等排放出的污染物在短期(小时平均、日平均)、长期(年平均)的浓度分布,适用于农村或城市地区、简单或复杂地形。模型使用每小时连续预处理气象数据模拟大于等于 1 h 平均时间的浓度分布。AERMOD 包括两个预处理模型,即 AERMET 气象预处理和 AERMAP 地形预处理模型。AERMOD 适用于评价范围小于等于 50 km 的一级、二级评价项目。

AERMOD 考虑了建筑物尾流的影响,即烟羽下洗。AERMOD 特殊功能包括对垂直非均匀的边界层的特殊处理,对不规则形状的面源的处理,对流层的三维烟羽建立模型,对稳定边界层中垂直混合的局限性和对地面反射的处理,在复杂地形上的扩散处理和建筑物下洗的处理。

AERMOD 模型在稳定边界层(SBL),垂直方向和水平方向的浓度分布都可看作高斯分布。在对流边界层(CBL),水平方向的浓度分布仍可看作是高斯分布,而垂直方向的浓度分布则使用了双高斯概率密度函数(PDF)来表达,考虑了对流条件下下浮烟羽和混合层顶的相互作用,即浮力烟羽抬升到混合层顶部附近时,考虑了三个方面的问题:①烟羽到达混合层顶时,除了完全反射和完全穿透之外,还有"部分穿透和部分反射"问题;②穿透进入混合层上部稳定层中的烟羽,经过一段时间之后,还将重新进入混合层,并扩散到地面;③烟羽向混合层顶端冲击的同时,虽然在水平方向也有扩散,但相当缓慢,一直到烟羽的浮力消散在环境湍流之中,烟羽向上的速度消失之后才扩散到地面。

AERMOD 地理地形数据参数包括计算区域的海拔高度和土地利用类型。地形数据范围同预测范围,海拔高度由计算区域的遥感图像及数字高程 DEM(美国网站下载的"SRTM 90m Digital Elevation Data")数据提取,分辨率为 90 m。

9.1.1 预测方案

1. 预测因子

评价因子原则上选取有环境质量标准或在《环境影响评价技术导则 大气环境》(HJ 2.2—2018)附录 D 中有浓度限值的污染物,同时考虑到二噁英对环境影响较大,也纳入评价因子预测。规划增加排放的 NO_x+VOCs 为负值,小于 2 000 t/a,无需进行 O_3 预测。因此,本次研究的化工产业园区评价因子如表 9.1.1 所示:

表 9.1.1　本次研究的化工产业园区大气环境影响预测评价因子

规划期	预测评价因子
近期	SO_2、NO_2、PM_{10}、$PM_{2.5}$、硫酸雾、苯、甲苯、甲醇、甲醛、丙酮、HCl、HF、Cl_2、NH_3、
远期	H_2S、VOCs、CO、二噁英

2. 预测范围

评价范围设置为以规划区边界为起点、外延 2.5 km 的区域。

3. 预测周期

以 2021 年为评价基准年并作为预测周期,预测时段取连续 1 年。

4. 预测模型

根据气象数据统计,本次研究的化工园区所在区域 2021 年未发生风速≤ 0.5 m/s 持续时间超 72 h 的情形,近 20 年全年静风(风速≤0.2 m/s)频率 6.25%,未超 35%;本次预测采用 AERMOD 模型,具体运算软件版本号为 AERMOD 2018081。

5. 预测方案

预测、评价近期和远期常规因子叠加达标规划目标背景浓度的保证率日均质量浓度的达标情况,预测评价特征因子叠加现状监测背景浓度的达标情况,详见表 9.1.2。

表 9.1.2　本次研究的化工产业园区大气环境影响预测方案

污染源	预测时段	预测内容	评价内容
已批在建污染源+ 规划新增污染源+ 削减源	规划近、远期	短期浓度 长期浓度	常规因子:叠加现状值或达标规划后的保证率日均浓度和年均浓度达标情况 特征因子:叠加现状监测值后的短期浓度达标情况

9.1.2　预测结果及分析

9.1.2.1　常规污染物预测结果

本次研究的化工产业园区规划实施后,通过现有污染源的削减,规划近、

远期新增排放的 SO_2、NO_2、PM_{10}、$PM_{2.5}$ 和 CO 区域保证率日均浓度和年均浓度均符合环境质量二级标准,大部分敏感点浓度有改善,PM_{10} 和 $PM_{2.5}$ 保证率日均浓度和年均浓度叠加达标规划浓度后可达标,区域环境影响可接受。

9.1.2.2　特征污染物预测结果

根据近、远期相应的特征污染物新增排放量,叠加评价范围内主要在建、拟建污染源和削减源,预测规划实施后特征污染物浓度。本次研究的化工产业园区近期和远期硫酸雾、HCl、氟化物、甲醇、Cl_2、苯、甲苯、甲醛、丙酮、NH_3、H_2S、VOCs 和 CO 的小时浓度均符合评价标准。二噁英的小时、日均、年均浓度符合日本环境厅中央环境审议会制定的环境标准及折算标准。

9.1.2.3　规划实施后异味影响分析

本次研究的化工产业园区主要恶臭污染物 NH_3、H_2S,根据预测结果,NH_3、H_2S 对叠加现状后区域最大浓度分别占标准的 44.9％、71.7％,均可达标,但考虑多种物质综合作用,可能对区域环境产生一定的异味感官影响,园区应督促恶臭气体排放企业进一步改善恶臭污染物控制措施和管理方式,采取措施进一步加强恶臭气体的捕集与处置,减少无组织排放。

9.2　水环境影响分析

根据《规划环境影响评价技术导则　产业园区》(HJ 131—2021),地表水环境影响主要分析产业园区污水产生、收集与处理、尾水回用情况,预测、评价尾水排放等对受纳水体(地表水、近岸海域)环境质量的影响;结合所依托的区域污水集中处理设施规模、接纳能力、处理工艺、纳管水质要求、配套污水管网建设等,分析论证产业园区污水集中收集、处理的环境可行性。

地表水环境影响预测分析内容根据影响类型、预测因子、预测情景、预测范围、地表水体类别、所选用的预测模型及评价要求确定。预测内容主要包括:①各关心断面(控制断面、取水口、污染源排放核算断面等)水质预测因子的浓度及变化;②到达水环境保护目标处的污染物浓度;③各污染物最大影响范围;④湖泊、水库及半封闭海湾等,还需关注富营养化状况与水华、赤潮等;⑤排放口混合区范围。

1. 化工产业园区水环境影响

本次研究的化工产业园区污水处理厂尾水(约 1.0 万 t/d)及直接排放企业 1 自行处理后的尾水(0.4 万 t/d)一起通过纳污河流西岸的排口排入外环境,待截污导流二期工程启用后,一并接入截污导流,输送至位于纳污河流北偏泓的排污口排放。根据水污染源预测,规划近期园区污水处理厂处理规模控制在 1.5 万 t/d,考虑中水回用 40%,实际排水量控制在 0.9 万 t/d。直接排放企业 1 计划 2025 年底前搬出园区,故不予考虑,因此接入尾水导流的水量约 0.9 万 t/d。远期该化工园区污水厂处理规模控制在 2.5 万 t/d,考虑 40%的中水回用率,实际排水量控制在 1.5 万 t/d。不管是近期接入导流量 0.9 万 t/d,或是远期接入导流量 1.5 万 t/d,均未突破 2.5 万 t/d 的分配额度。

纳污河流不行洪时,北偏泓成为山东省污水以及新沂市、宿迁市、沭阳县污水和尾水排放的专用通道。为保证淮沭河调水安全,纳污河流北偏泓通过排污地涵与淮沭河立交,尾水经北偏泓通道下泄入海,南偏泓与淮沭新河之间由挡水闸坝控制。正常情况下,纳污河流南、北偏泓和淮沭新河无水力联系,因此,北偏泓污水通道不会影响淮沭河送清水工程和南偏泓清水通道。

由于纳污河流北偏泓为中小河流,且在评价范围内河段较顺直,流向单一,沿途无其他干、支流相互交错,因此,可以近似认为河流水流为恒定流,综上,预测模式可采用一维河道计算模型,即:

$$c = c_0 \exp\left[\frac{u_x x}{2M_x}\left(1 - \sqrt{1 + \frac{4KM_x}{u_x^2}}\right)\right] \qquad (9-1)$$

式中:x——预测点离排放口的距离(m);

   c——预测点(x)处污染物的浓度(mg/L);

   c_0——排放口处污水、河水完全混合后的污染物浓度(mg/L);

   u_x——河流流速(m/s);

   M_x——河流纵向混合(弥散)系数(m^2/s);

   K——河流中污染物降解速率(1/d)。

河流纵向混合(弥散)系数 M_x 的计算公式如下:

$$M_x = (0.058H + 0.006\ 5B) \times (gHI)^{0.5} \qquad (9-2)$$

式中:H——水深(m);

B——水面宽度(m);

g——重力加速度(m/s^2);

I——水面比降。

预测采用最不利条件,即只考虑尾水流量,不考虑上游来水稀释作用。尾水总量为 11.36 m^3/s,其中徐州尾水 8.20 m^3/s,新沂 1.85 m^3/s,宿迁 1.31 m^3/s,根据河道断面和水深等估算污水通道平均流速为 0.04~0.06 m/s。

纳污河流坡度西陡东缓,根据污水通道平均水深和宽度,计算河流纵向混合弥散系数 M_x 为 0.10 m^2/s。

根据流域水资源综合规划水资源保护专项规划成果,同时结合污水通道环境现状,从保守角度考虑,COD、氨氮和总磷等降解速率分别取 0.01(1/d)、0.008(1/d)和 0.005(1/d)。

根据计算工况,尾水通道非排涝期,选用河流一维模型分析预测截污导流工程入河排污口建设后对评价断面的影响程度。预测结果表明:项目实施后,纳污河流尾水通道无法达到Ⅳ类水质标准要求,入海口断面 COD、氨氮和总磷的预测浓度分别为 38.09 mg/L、4.022 mg/L 和 0.424 mg/L,分别比项目实施前增加了 1.89 mg/L、0.16 mg/L 和 0.012 mg/L。即该项目对尾水通道水质造成了一定的影响,加重了水污染压力,但该项目的实施有利于保障南水北调东线工程水质安全和送清水工程河道沿线的水质安全,对改善中心城区的水环境、南水北调水源保护等方面具有积极作用。

综上,污水排入纳污河流尾水通道,在嶂山闸不泄洪的情况下,纳污河流内的涝水一般不会发生漫滩行洪的情况,且尾水通道内的污水不会漫入主槽内,因此尾水排放仅影响尾水通道内的水质,对纳污河流水功能区基本没有影响。纳污河流河道沿线的北偏泓排污通道现状无其他取用水户,南偏泓为重要的供水河道,在正常非行洪排涝期,污水完全可以通过北偏泓下泄入海,不会对南偏泓的取用水户产生影响。行洪期间由于骆马湖下泄洪水水质较好,且水量较大,经稀释后本项目污水对下游的水质影响较小,不会对其他取用水户产生影响。

2. 直排企业自设排口的环境影响

本次研究的化工产业园区污水处理厂和直接排放企业 1 的废水接入导流工程,不再通过园区内部河排放,排入园区内部河的废水量减少约 428.96 万 t/a,折合 1.3 万 t/d,污染物入河量的大幅削减,对园区内部河水质改善将起到积极作用。

直接排放企业 2 现有排口位于园区内部河东岸,根据企业中水回用方案,2025 年底前中水回用约 13 756 t/d,2027 年底前中水回用约 19 167 t/d,按出水水质一级 A 标准要求 COD 50 mg/L、氨氮 5 mg/L、总磷 0.5 mg/L、总氮 15 mg/L 的情况计算,则经由直接排放企业 2 排口排入纳污河流的污染物量到 2025 年底可削减 COD 229.04 t/a、氨氮 22.90 t/a、总磷 2.29 t/a、总氮 68.71 t/a,到 2027 年底可减少 COD 319.13 t/a、氨氮 31.91 t/a、总磷 3.19 t/a、总氮 95.74 t/a,将对减轻纳污河流的水质污染起到正效应。

9.3 噪声影响预测与评价

园区噪声主要来自于建筑施工、交通运输和工业生产过程中产生的噪声。

1. 建筑施工噪声

主要来自基础设施建设和厂房建设过程中的各类施工设备,各单一项目在环评时也要求必须做到施工噪声达标,施工场界噪声须满足《建筑施工场界环境噪声排放标准》(GB 12523—2011)要求,且施工结束后就可恢复正常,其对外环境的影响程度、时段、范围均较小。

2. 交通运输噪声

主干道车流量大、大型运输车比例高,声级较高且起伏较小,影响时段长,影响范围较大;次干路噪声影响声级一般,夜间较低,影响程度不大。

3. 工业企业噪声

企业设备等固定噪声源位于企业内部,由于厂界噪声须满足《工业企业厂界环境噪声排放标准》(GB 12348—2008)中相应标准限值,企业均会对固定噪声源采取控制措施,其对外环境的影响程度、范围均较小。

因各进区项目的噪声源强难以确定,且各单一工业项目在环评时也要求必须做到噪声达标,故本评价主要对施工期和道路交通噪声的影响进行分析。

9.3.1 施工期声环境影响分析

园区建设期的噪声源主要来自基础设施建设和厂房建设过程中的各类施工设备和运输施工材料的车辆,主要有:压路机、装载机、推土机、平土机、挖掘机、搅拌机、电锯、打桩机等,噪声一般在 80~105 dB(A),部分施工设备

(如打桩机)峰值噪声可达 120 dB(A)。施工过程所产生的噪声主要属中低频噪声,随距离自然衰减较快,几种主要施工设备噪声随距离自然衰减情况如表 9.3.1 所示。可见,昼间施工设备噪声超标的范围为 100 m 以内;夜间在不使用打桩机情况下,噪声超标的范围为 200～300 m。

基础设施建设过程中噪声影响不可避免,但也是暂时的,施工结束后就可恢复正常。

表 9.3.1   几种主要施工设备不同距离处的噪声值   单位:dB(A)

噪声源	10 m	20 m	40 m	60 m	100 m	150 m	200 m	300 m
装载机、平土机、搅拌机	84	78	72	69	64	61	58	54
打桩机	105	99	93	90	85	82	79	75
挖掘机、压路机、起重机	82	76	70	67	62	59	56	52
推土机	76	70	64	61	56	53	50	46

9.3.2   园区建成期噪声影响分析

园区建成期噪声影响分区域环境噪声和主干道交通噪声两种情况进行分析。

1. 区域环境噪声预测

预测公式如下:

$$L_{dn} = ALg\rho + K \tag{9-3}$$

式中:L_{dn}——预测区域环境噪声等效声级,dB(A);

ρ——预测年区域人口密度,人/hm^2;

A、K——为常数,A 取 8.93,K 取 25.61。

根据规划和预测,本次研究的化工产业园区规划近、远期人口分别为 1.5 万、1.8 万人,开发面积为 988.9 hm^2,可以得出园区近、远期人口密度分别为 15 人/hm^2、18 人/hm^2。

由预测公式计算得出,近、远期环境噪声等效声级分别为 36.11 dB(A)、36.82 dB(A),均低于 45 dB(A),可以满足相应声环境功能要求。

2. 交通噪声分析

根据《环境影响评价技术导则 声环境》(HJ 2.4—2021)中的公路(道

路)交通运输噪声预测模式,拟采用下列模型预测计算:

$$L_{eq}(h)_i = (\overline{L_{0E}})_i + 10\lg\left(\frac{N_i}{V_i T}\right) + 10\lg\left(\frac{7.5}{r}\right) + 10\lg\left(\frac{\psi_1 + \psi_2}{\pi}\right) + \Delta L - 16$$

(9-4)

式中:$L_{eq}(h)_i$——第 i 类车的小时等效声级,dB(A);

$(\overline{L_{0E}})_i$——第 i 类车在速度为 V_i(km/h),水平距离为 7.5 m 处的能量平均 A 声级,dB(A);

N_i——昼间、夜间通过某个预测点的第 i 类车平均小时车流量,辆/h;

r——从车道中心线到预测点的距离,m($r>7.5$ m);

V_i——第 i 类车平均车速,km/h;

T——计算等效声级的时间,1 h;

ψ_1、ψ_2——预测点到有限长路段两端的张角、弧度;

ΔL——由其他因素引起的修正量,dB(A)。

$$\Delta L = \Delta L_1 - \Delta L_2 + \Delta L_3$$
$$\Delta L_1 = \Delta L_{坡度} + \Delta L_{路面}$$
$$\Delta L_2 = A_{atm} + A_{gr} + A_{bar} + A_{misc}$$

(9-5)

式中:ΔL_1——线路因素引起的修正量,dB(A);

$\Delta L_{坡度}$——公路纵坡修正量,dB(A);

$\Delta L_{路面}$——公路路面材料引起的修正量,dB(A);

ΔL_2——声波传播途径引起的衰减量,dB(A);

ΔL_3——由反射等引起的修正量,dB(A);

A_{atm}——大气吸收引起的倍频带衰减,dB;

A_{gr}——地面效应引起的倍频带衰减,dB;

A_{bar}——声屏障引起的倍频带衰减,dB;

A_{misc}——其他多方面效应引起的倍频带衰减,dB。

总车流等效声级计算公式如下:

$$L_{Aeq(T)} = 10\lg(10^{0.1L_{Aeq大}} + 10^{0.1L_{Aeq中}} + 10^{0.1L_{Aeq小}})$$

(9-6)

式中:$L_{Aeq(T)}$——公路交通噪声小时等效声级,dB(A)。

3. 预测参数的确定

本次研究的化工产业园区主路为南化路和扬子路。根据现状及同类集中区类比调查,本次评价的有关参数选取详见表 9.3.2。

4. 预测结果及分析

本次评价分别对离道路 20 m 和 40 m 处的噪声进行预测,夜间交通量按昼间的 60% 计算。预测结果见表 9.3.3。

表 9.3.2　本次研究的化工产业园区主要道路噪声预测参数

预测情景	道路	高峰时车流量（辆/h）	d_i(%)	L_{wi}(dB(A))	V(km/h)
情景 1	区内主路	120	大车 50	70	20②
			小车 50	60	50②
情景 2(上下班高峰)①		300	小车 100	60	50②

注:①园区上下班高峰时,对货物运输车辆不放行。②园区对区内车辆限速:大车限速 20 km/h,小车限速 50 km/h。

表 9.3.3　本次研究的化工产业园区主要道路噪声预测结果

预测情景	道路类别	20 m 处平均等效声级(dB(A))		40 m 处平均等效声级(dB(A))	
		昼间	夜间	昼间	夜间
情景 1	区内主路	54.68	52.46	51.52	49.45
情景 2(上下班高峰)		47.52	45.30	44.51	41.99

由表 9.3.3 可见:在道路旁无任何隔声或声音阻碍物(如绿化带)的情况下,道路两侧 20 m 和 40 m 范围内昼间和夜间噪声均未超过《声环境质量标准》(GB 3096—2008)3 类标准,说明区内交通噪声对声环境质量影响有限。同时,现状道路两侧均实施了绿化工程,可以降低区内交通噪声对环境的影响。

9.4　固体废物处理处置方式及影响分析

9.4.1　固体废物种类及来源

化工产业园区固体废弃物主要包括一般工业固废、危险废物、生活垃圾等,本次研究的化工产业园区固废预测产生量见表 9.4.1。

表 9.4.1　本次研究的化工产业园区规划近、远期新增工业固废产生量预测表

单位：t/a

固废类别	现有固废产生量	近期固废产生量	远期固废产生量
一般工业废物	35 000	44 903	57 159
危险废物	51 211	111 807	129 513
生活垃圾	3 630	4 950	5 940
合计	89 841	161 660	192 612

本次研究的化工产业园区规划期末一般工业固废年产生量为 5.72 万 t/a，主要包括再生盐、生化污泥（经鉴定）、一般包装材料等，全部综合利用；危险废物年产生量为 12.95 万 t/a，主要包括废活性炭、废包装桶（袋）、污泥、工艺废渣、废液、废乳化油、废矿物油、废催化剂等类型，均委托有资质单位进行安全处置；生活垃圾年产生量为 0.59 万 t/a，均交由环卫部门集中处理。

9.4.2　固体废物环境影响评述

固废对环境产生的影响主要表现在以下方面：

1. 固体废物临时堆放与运输带来的影响

固废临时堆放时，因表面干燥而引起扬尘，应洒水抑尘并及时遮盖，减小对周围大气环境造成的影响。

固废临时堆放点如无遮盖、防渗、收集措施，则受雨水浸淋会产生固废渗出液，一方面渗出液与滤沥液会改变土壤结构，影响土壤微生物的活动，阻碍植物根茎生长，有毒物质累积造成土壤性质的变化、质量的下降，另一方面渗出液会污染地表水与地下水，造成整个地区水环境质量的下降。

固废运输过程中，因管理措施不严，发生交通事故等，可能对沿途环境造成影响。

2. 危险固废的影响

规划实施过程中将产生一定量的危险废物，危废本身可能带有一定的毒性与腐蚀性，因此在临时堆放、运输及处置危险固废的过程中，由于一些不可预见、不可控制的突发事故，会对周围生态环境造成一定的影响。

9.4.3　固体废物处理处置方式

根据固体废物的性质特点，本着"减量化、资源化、无害化"的处理原则，

提出如下固废污染防治措施：

1. 一般工业固废

一般工业固废应视其性质由业主进行分类收集、暂存，以便综合利用。一般工业固废暂存应满足《一般工业固体废物贮存和填埋污染控制标准》（GB 18599—2020）的要求。

一般工业固废主要采用综合利用的方式进行处置。对园区可能出现的各种主要一般工业固废的处置途径建议如下：一般工业固废应按循环经济理念尽可能在厂内或园区内回收利用，一般废包装材料尽量送回厂家综合处理，其余委托相关单位进行综合利用；金属边角料、不合格的产品、废纸张等，应视其性质由业主进行分类收集，尽可能回收综合利用，并由获利方承担收集和转运任务。

2. 危险固废

园区内产生的危险废物实施"源头减量"，尽可能综合利用。可利用的危险废物尽可能在厂内或园区内再利用，不能回收循环利用的危险废物委托有资质单位进行安全处置。本次研究的化工产业园区企业产生的危险废物可就近送往园区内的某固体废物处置有限公司和园区外的某固废处置有限公司，以及规划拟建的某环保科技有限公司危废综合处置中心（一期 2.1 万 t/a）和某化工有限公司合成氨装置新型煤气化技术改造及协同处置危废（6 万 t/a）项目进行处置。此外，园区正在筹备化工废盐无害化资源化项目（1.6 万 t/a）以解决本园区化工废盐的出路问题。

危险固废应由专业人员操作，根据其毒性性质分类贮存，对有特殊要求的进行特殊处理，禁止将其与一般工业固废混杂堆放，应建立专用贮存槽或仓库，并密封保存，以避免外泄造成严重后果。并委托有资质单位由专业人员和专用交通工具进行运输，严禁随意堆放和扩散。危废暂存场所须严格按《危险废物贮存污染控制标准》（GB 18597—2001）及修改单要求进行控制，采取防扬散、防流失、防渗漏或者其他防止污染环境的措施。

企业应提高对危险废物危害性的认识和对危险废物的识别能力，并按照《国家危险废物名录》对其所产生的固废进行申报登记，落实危险废物处置协议，对危险废物收集、运输、贮存、处置等实施全过程管理，每一个环节都要有可追踪性的帐目和手续。危险废物的处置、转运应按照《危险废物转移管理办法》《江苏省危险废物管理暂行办法》等有关规定执行。

危险废物跨省转移全面推行电子联单,实时共享危险废物产生、运输、利用处置企业基础信息与运输轨迹信息。危险废物产生、经营企业在省内转移时要选择有资质并能利用"电子运单管理系统"进行信息比对的危险货物道路运输企业承运危险废物。加强危险废物流向监控,建立电子档案,严厉打击危险废物转移过程中的环境违法行为。

对照《国务院办公厅关于印发强化危险废物监管和利用处置能力改革实施方案的通知》(国办函〔2021〕47号)、《省政府办公厅关于印发江苏省强化危险废物监管和利用处置能力改革实施方案的通知》(苏政办发〔2022〕11号),要求本轮规划期内切实提升园区危险废物监管和利用处置能力,有效防控危险废物环境与安全风险,推进危险废物源头减量,广泛深入推进清洁生产,要求对园区内危险废物经营单位和危险废物年产生量100 t以上的单位全面落实强制性清洁生产审核。

2018年6月,中共中央、国务院印发《关于全面加强生态环境保护坚决打好污染防治攻坚战的意见》(中发〔2018〕17号),正式提出开展"无废城市"试点。为全面提升国家"十四五"城市发展与固体废物统筹管理水平,国务院办公厅和江苏省人民政府相继印发《"无废城市"建设试点工作方案》(国办发〔2018〕128号)、《江苏省全域"无废城市"建设工作方案》(苏政办发〔2022〕2号),探索建立"无废城市"建设综合管理制度和技术体系。主要建设思路包括:结合园区产业特色,以降低固危废产生强度为目标,对园区开展清洁生产和绿色化改造;依据"集约建设、共享治污"思路,尝试建立小量、特殊固危废收处体系;通过"点对点"定向利用、梯级利用等方式,建立园区上下游产业固废循环链接体系,以园区废酸、废盐、废活性炭等产量大、难利用废物为重点,建设可复制推广的示范项目,力推固危废"就地利用处置",最大限度不出园区。

3. 生活垃圾

园区实施垃圾分类袋装化,根据垃圾的可否再生利用、处理难易程度等特点,在厂区、办公区设置专用垃圾收集房间和特定集装箱,对垃圾进行分类收集、暂存,一般交由环卫部门集中统一送至生活垃圾焚烧企业进行焚烧处理。

综上,园区产生的固废经采取相应的措施规范处置后,不排入外环境,对周围环境影响较小。

9.5　地下水环境影响分析

根据《规划环境影响评价技术导则 产业园区》(HJ 131—2021)要求:地下水环境影响预测与评价应结合产业园区水文地质特征和包气带防护性能,分析、识别规划主要污染产业、污水或危险废物等集中处理设施建设等,可能污染地下水的主要污染物、污染途径及污染物在含水层中的运移、吸附与解析过程,综合评价产业及基础设施布局的环境合理性;涉及重金属及有毒有害物质排放或位于地下水环境敏感区的产业园区,可采用定量预测方法,分区评价污水排放、有毒有害物质泄漏或污水(渗滤液)渗漏等对地下水环境及环境敏感区的影响程度、影响范围和风险可控性。

9.5.1　预测模型

9.5.1.1　水文地质概念模型

本次研究的化工产业园区的地下水环境影响预测,考虑规划建设区范围及建设区上、下游地下水可能被影响的区域,确定预测评价范围以园区为中心,南至某大道,北至某河,东至某高速,西至某国道。南北长约 4 km,东西宽约 8 km,面积约 32.80 km^2。

根据评价区水文地质条件,区内含水层可分为潜水、微承压水(第Ⅰ承压水)和第Ⅱ、第Ⅲ承压水含水层,选取微承压-潜水含水层作为本次评价目标层。微承压-潜水含水层上部的粉质黏土层和黏土层形成评价区的隔水顶板,下部的细砂岩可视为相对隔水层,形成评价区的隔水底板。

评价区北边界为某河,故将微承压-潜水含水层北边界概化为定水头边界,其余均为通用水头边界。微承压-潜水含水层的厚度在 30~50 m 之间,水位高时具有承压性,水位低时具有潜水性质。因此,本次模拟区地下水系统的概念模型可概化成均质各向同性、空间二维结构、非稳定地下水流系统。

9.5.1.2　模型建立与参数确定

1. 模型建立

本次模拟使用美国环境保护局(USA EPA)开发的 GMS 软件。GMS 是地下水模拟系统(Groundwater Modeling System)的简称,是目前国际上最先进的综合性地下水模拟软件包,由 MODFLOW、MODPATH、MT3D、FEM-WATER、PEST、MAP、Subsurface Characterization、Boreholedata、TINs、Solid、Geo-Statistics 等模块所组成。GMS 软件可以进行水流模拟、溶质运移模拟、反应运移模拟,建立三维地层实体,进行钻孔数据管理、二维(三维)地质统计,可视化和打印二维(三维)模拟结果。该软件在世界范围内得到了广泛应用,可以支持 TIN、钻孔数据整理、2D 和 3D 地质统计、2D 和 3D 有限元有限差等功能。

采用 GMS 数值模拟软件对评价区进行了网格剖分,覆盖评价区的网格共计 165 998 个,网格大小 20 m×10 m,详见图 9.5.1。

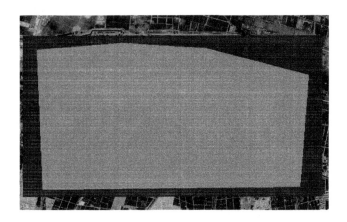

图 9.5.1 本次研究的化工产业园区评价区网格剖分图

2. 相关参数确定

根据室内试验资料,结合相关经验,本次污染物质的模拟计算受到水质资料的限制,模拟过程不考虑污染物在含水层中的吸附、挥发和生物化学反应,模型中各项参数予以保守性考虑。

这样选择的理由是:①有机污染物在地下水中的运移非常复杂,除对流、弥散作用以外,物理、化学、微生物等影响因素常常会使污染物浓度衰减,而目前对这些影响因素的相关参数的准确获取还存在困难;②假设污染物在运移中不与含水层介质发生反应,可以被认为是保守性污染物,即只考虑运移过程中的对流、弥散作用,在国际上有很多用保守性污染物作为模拟因子的环境质量评价的成功实例;③保守性考虑符合工程设计的思想。

3. 计算流场

根据水文地质资料显示,评价范围内地下水位北高南低,地下水总体流向从北往南,靠近某河地下水位较高,与地表水水位高程相差较小,水力联系密切。而根据建立的模型及确定的参数计算得出的地下水流场来看,评价范围内地下水大致从北向南、从西向东流,与水文地质资料显示的实地调查结果类似。地下水流场计算结果如图 9.5.2 所示。

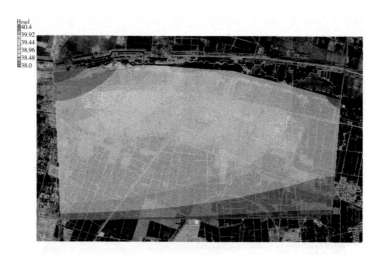

图 9.5.2 本次研究的化工产业园区评价区地下水流场计算结果

9.5.2 地下水环境影响预测评价

1. 地下水污染情景预测设定

(1) 正常工况:根据本次勘察成果,评价区各土层在垂直、水平方向上厚度埋深变化不大,总体上各土层均匀性较好。因厂区周边的潜水区与承压区的水文地质条件较为简单,可通过解析法预测地下水环境影响。园区规划建设项目在危废库、生产车间、事故池、污水处理站等可能涉水地面均按相关工程设计要求采取了相应的防渗处理措施,以避免发生破损污染地下水。因此正常工况下,厂区的污水防渗措施到位,污水管道运输正常,对地下水无渗漏,基本无污染,故不做预测。

(2) 非正常工况:若排污设备出现故障,贮坑发生开裂、渗漏等现象,在这几种情况下,污水将对地下水造成点源污染,污染物可能下渗至孔隙潜水及承压层中,进行运移。这其中主要考虑污水处理区的渗漏对地下水可能造成的影响,因此将污染源视为连续稳定释放的点源,通过对污染物源强的分析,筛选出具有代表性的污染因子进行正向推算,分别计算 100 d、1 000 d、10 a、20 a 后的污染物超标距离。

2. 地下水环境影响预测结果

正常工况下,园区按照相关标准、规范进行防渗设计和建设,对地下水水质基本无影响。结合评价区水文地质条件,本次评价采用 GMS 软件对非正常工况下可能造成的地下水环境影响做出预测,预测结果表明:项目在非正常工况下会对地下水环境产生一定影响。污染物泄漏会对地下水造成长期影响,但整体影响范围主要集中在地下水径流的下游方向,污染物在地下水对流作用的影响下,污染中心区域向下游方向迁移,同时在弥散作用的影响下,污染羽的范围向四周扩散。由于园区所在区域地下水水力梯度较小,污染物迁移速度也较慢。在预测的较长时间内,污染范围仍在园区范围内,不会对周围的环境保护目标和河流造成不利影响。

园区建设区地下基础之下第一土层为黏土层,渗透性能较差,弥散系数较小。预测结果表明,高锰酸盐指数、二氯甲烷、甲苯、二甲苯、氟化物、铅在地下水中迁移范围较小。因此模拟显示:污水在非正常工况下渗,20 a 内对周围地下水影响范围较小。

对深层地下水的污染影响方面,通常根据深层地下水含水组上覆地层的防污性能和有无与浅层地下水的水力联系来判断深层地下水是否会受到污染影响。区内第Ⅰ承压含水组顶板为分布比较稳定且厚度较大的隔水层,所以垂直渗入补给条件较差,与浅层地下水水力联系不密切。因此,深层地下水不会受到项目下渗污水的污染影响。

综上,在实施严格的防渗措施、建立完善的地下水监测系统、强化地下水应急措施的前提下,项目对地下水环境的影响将大大减弱。

9.6 土壤环境影响分析

9.6.1 土壤污染影响类型与途径识别

根据土壤污染物的来源不同,可将土壤污染类型分为废水污染型、废气

污染型、固体废物污染型、农业污染型和生物污染型。本次研究的化工产业
园区主要涉及的土壤污染类型有废水污染型、废气污染型、固体废物污染型。

1. 废水污染型

化工园区企业废水包括生活污水和生产废水,规划区建有污水处理厂统
一处理企业预处理后排放的废水,达标后排放。

园区要求区内各企业污水管道、污水处理各构筑物均设置防渗措施,杜
绝跑、冒、滴、漏现象的发生。正常工况下,园区土壤被废水泄漏污染的可能
性很小;非正常工况下,如防渗措施发生事故,污水在输送过程和处理过程中
产生外泄,致使污水中的有毒有害物质浸入土壤中,再经过地表水系的扩散,
造成地表水、地下水及土壤环境污染。

2. 废气污染型

化工园区企业排放的主要废气为挥发性有机物,可能沉降至项目周边土
壤地面。有机污染物质在土壤环境中通过复杂的环境行为进行吸附解吸、降
解代谢,可以通过挥发、淋滤、地表径流携带等方式进入其他环境体系中在土
壤中残留,或被作物和土壤生物吸收后,通过食物链积累、放大,对人体健康
十分有害。

园区要求各企业对生产工艺废气、公辅工程废气均设置收集处理装置并
保证其正常运行,同时尽可能提高废气去除效率,减少废气排放,减少废气污
染物沉降对土壤的影响。

3. 固体废物污染型

化工园区各企业产生的危险废物种类较多,其主要有害成分为有机物和
重金属等。

若不设置专门的危废仓库或者仓库没有正规的"三防"措施,废物中的有
害组分经过风化、雨水淋溶、地表径流的侵蚀,产生有毒液体渗入土壤,杀死
土壤中的微生物,破坏微生物与周围环境构成的系统平衡,将影响土壤生态
系统,导致植被的生长和农作物的产量受到影响。同时污染物经土壤渗入地
下水,对地下水水质也会造成影响。

园区要求各企业均按要求规范化建设危废暂存仓库,杜绝危废露天存
放。正常工况下,危险废物贮存不会对土壤环境造成影响;非正常工况下,如
防渗措施发生事故,危险废物中的有害物质通过地表沉降进入土壤,造成土
壤和地下水污染。

本次研究的化工产业园区企业土壤环境影响类别与途径识别见表 9.6.1。

表 9.6.1 本次研究的化工产业园区企业土壤环境影响类型与影响途径表

不同时段	污染影响型			
	大气沉降	地面漫流	垂直入渗	危废泄漏
建设期	—	—	—	—
运营期	√	√	√	√
服务期满后	—	—	√	—

注:在可能产生的土壤环境影响类型处打"√"。

9.6.2 废气对土壤的累积影响分析

企业产生的废气经处理装置进行处理后通过排气筒排放,废气中的污染物通过大气降水发生湿沉降以及自身颗粒受重力影响发生干沉降进入附近土壤表层中。

为了定量评价大气沉降模型土壤预测因子重力沉降或降水作用运移至土壤包气带后对周边土壤环境的影响,面源土壤污染预测采用《环境影响评价技术导则 土壤环境(试行)》(HJ 964—2018)附录 E 中方法一。

(1) 预测单位质量土壤中某种物质的增量采用以下公式计算:

$$\Delta S = n(I_s - L_s - R_s)/(\rho_b \times A \times D) \tag{9-7}$$

式中:ΔS——单位质量表层土壤中某种物质的增量,g/kg;

I_s——预测评价范围内单位年份表层土壤中某种物质的输入量,g;

L_s——预测评价范围内单位年份表层土壤中某种物质经淋溶排出的量,g;

R_s——预测评价范围内单位年份表层土壤中某种物质经径流排出的量,g;

ρ_b——表层土壤容重,kg/m³;

A——预测评价范围,m²;

D——表层土壤深度,一般取 0.2 m;

n——持续年份,a。

(2) 预测评价范围内单位年份表层土壤中某种物质的输入量采用以下公

式计算:

$$I_s = C \times V \times T \times A \qquad (9-8)$$

式中:C——污染物浓度,$\mu g/m^3$;

　　V——污染物沉降速率,取值为 0.000 3 m/s;

　　T——一年内污染物沉降时间,s;

　　A——预测评价范围,m^2。

（3）单位质量土壤中某种物质的预测值可以根据其增量叠加现状值进行计算,公式如下:

$$S = S_b + \Delta S \qquad (9-9)$$

式中:S_b——单位质量土壤中某物质的现状值,g/kg;

　　S——单位质量土壤中某物质的预测值,g/kg。

预测分析结果表明,本次研究的化工产业园区大气污染物沉降后土壤中的污染物浓度均小于土壤环境标准,沉降后对周边土壤环境影响较小。

9.6.3　废水及危废对土壤的影响分析

废水方面,园区要求区内各企业污水管道、污水处理各构筑物均设置防渗措施,杜绝跑、冒、滴、漏现象的发生。正常工况下,园区土壤被废水泄漏污染的可能性很小。危废方面,各企业均严格按照《危险废物贮存污染控制标准》(GB 18597—2023)要求设置和管理危废暂存库,各企业固体废物的贮存所采取的防范或治理措施落实到位,正常运营工况下,对土壤环境不会造成影响。本次土壤污染预测情景主要针对事故状况进行设定,主要考虑园区污水处理厂池体非可视部位小面积泄漏。

垂直入渗对土壤环境的影响,采用一维溶质运移模型进行预测。

（1）一维溶质垂向运移控制方程:

$$\frac{\partial(\theta c)}{\partial t} = \frac{\partial}{\partial z}\left(\theta D \frac{\partial c}{\partial z}\right) - \frac{\partial}{\partial z}(qc) \qquad (9-10)$$

式中:c——污染物在介质中的浓度,mg/L;

　　D——弥散系数,m^2/d;

　　q——渗流速度,m/d;

z——沿 z 轴的距离,m;

t——时间变量,d;

θ——土壤含水率,%。

(2)初始条件:

$$c(z,t)=0 \quad t=0, L \leqslant z < 0 \tag{9-11}$$

(3)边界条件:

第一类 Dirichlet 边界条件(连续点源):

$$c(z,t)=c_0 \quad t>0, z=0 \tag{9-12}$$

第二类 Neumann 零梯度边界条件:

$$-\theta D \frac{\partial c}{\partial z}=0 \quad t>0, z=L \tag{9-13}$$

预测分析结果表明,本次研究的化工产业园区污染物在土壤中随时间不断向下运移,其浓度随深度增加而逐渐下降,整个预测时限过程中土壤中污染物浓度可满足《土壤环境质量 建设用地土壤污染风险管控标准(试行)》(GB 36600—2018)二类用地的筛选值要求。

9.7 生态环境影响分析

1. 生态现状调查与评价

本次研究的化工产业园区生态环境评价范围内敏感保护目标涉及 3 处生态红线区域,与园区最近距离约 180 m。园区开发建设不占用生态红线,对周边生态红线不会产生直接影响。同时,园区在靠近河、湖的西边界和北边界设置了防护林、绿化带等生态安全缓冲区的减缓措施,进一步减轻对生态保护红线的影响。

本次研究的化工产业园区规划范围内现有的 284.19 hm² 农林用地主要分布于园区东部及金陵河北岸,其中 80% 左右的用地为林地,其他部分为少量草地,不涉及基本农田。根据现场调查,区内林地主要种植了杨树。

2. 土地利用变化影响分析

本次研究的化工产业园区规划实施前的用地现状和规划建设完成后的

用地平衡及变化情况如表 9.7.1 所示。

表 9.7.1　本次研究的化工产业园区现状及规划用地平衡表

序号	用地代码			用地名称	现状面积（公顷）	规划用地（公顷）	增加面积（公顷）
1	M			工业用地	559.65	755.71	196.06
		M3		三类工业用地	559.65	751.11	191.46
		Ma		生产研发用地	0	4.60	4.60
2	S			道路与交通设施用地	25.02	80.33	55.31
		S1		城市道路用地	25.02	80.33	55.31
3	U			公用设施用地	8.17	11.17	3.00
		U1		供应设施用地	0.36	2.02	1.66
			U12	供电用地	0.36	2.02	1.66
		U2		环境设施用地	7.81	8.55	0.74
			U21	排水用地	7.81	8.55	0.74
		U3		安全设施用地	0	0.60	0.60
			U31	消防用地	0	0.60	0.60
4	G			绿地与广场用地	86.01	121.76	35.75
		G2		防护绿地	86.01	121.76	35.75
小计				城市建设用地	678.85	968.97	290.12
5	E			非城市建设用地	310.05	19.93	−290.12
		E1		河流水域	25.86	19.93	−5.93
		E2		农林用地	284.19	0	−284.19
合计					988.9	988.9	0

由表 9.7.1 可以看出,园区建成后,土地利用的变化情况主要是河流水域和农林用地的减少、三类工业用地和道路用地的大幅增加,其他类型用地面积均有小幅增加。

园区的开发建设对区域内植被的影响可采用生物量的方法指标来评价,生态学上的生物量是指在一种群落内各种活的有机体的总量,是评价植被变化的重要依据。园区本轮规划建设导致的生物量的损失将主要集中在被占用的林地及草地,根据表 9.7.1,规划建成后将不存在大片人工经济林和草地,但会增加绿化植被(主要为人工灌丛草地及行道景观树)。本次研究的化工产业园区本轮规划建设导致的生物量变化情况估算结果见表 9.7.2。

表 9.7.2　本次研究的化工产业园区本轮规划建设导致生物量损失情况估算结果

破坏的植被类型	单位面积生物量 （t/hm^2）	生物量损失	
		面积（hm^2）	损失生物量（t）
人工林地	26	227.35	5 911.1
草地	1.92	56.84	109.1
合计	—	284.19	6 020.2

由表 9.7.2 可知,经估算,本轮规划建设造成的植被生物量的损失约为 6020.2 t。园区建成后,通过绿化工程,增加防护绿地面积 35.75 hm^2,其中新增人工灌草绿地面积 25.02 hm^2,新增防护林地(加杨、臭椿等混交乔木植被)面积 10.73 hm^2。根据现状调查,人工灌草丛植被生物量为 7.5 t/hm^2,防护林地植被的生物量为 25.593 5 t/hm^2,按此计算,规划实施后生物量补偿量为 462.27 t。为减少生物量的损失,在规划实施过程中应尽可能保留现有植被,绿化工程要增加绿化层次,减少裸露地,增加绿化面积,降低生物量损失。

园区规划期工业用地大幅度增加,会对生态环境产生胁迫和压力,对原有植物和土壤生物产生不可恢复的影响,使这些生物失去原有的生境。但园区防护绿地面积也同样大幅度增加,可以在一定程度上改善生态系统,帮助恢复生物多样性。因此园区规划期开发建设对生态环境影响有限。

3. 园区建设施工期生态影响

园区的建设施工对周围的生态环境会造成一定影响,主要有以下几方面:

(1) 建设期产生的扬尘会造成大气污染,建设过程中扬尘对周围环境影响较大;施工期间产生的施工噪声对周围的环境,特别是居民点会造成大的影响;建筑施工期产生的废水、生活垃圾等对水生生态环境及景观环境均有一定的影响。

(2) 建设施工过程中进行的土壤平整、土地开挖、取土、建筑材料堆放等活动,对土地造成临时性或永久性侵占,会改变土层结构,使土壤的理化性质改变,特别对土壤耕作层与犁底层破坏尤为明显,土壤肥力降低,造成植物生产能力降低。且由于植被破坏造成地表裸露,表层土温度变化大,不利于植被生长,生态服务功能被降低或改变。同时可能造成短期、局部的水土流失,间接又影响水环境。

(3) 开发的过程中原来的植被大面积遭到破坏,绿地面积短时间内急剧减少。虽然区域建成后将实施绿化工程,但重新栽种的树木在短时间内不能充分发挥很好的作用。因此，建议在园区建设过程中尽可能保留原有的树木。

（4）规划实施期间，陆生动物和水生动物都将受到一定的影响，施工噪声、对土地的占用和开挖等将会对动物栖息地造成暂时性或永久性的破坏。一些动物将逃离，一些对噪声和人群敏感的动物将向周围地区迁移，一些动物将死亡。

（5）本次研究的化工产业园区距离生态保护红线最近约 180 m，园区在规划实施期间，施工废水严格收集，不得排入周围水体，确保不会对周围生态环境产生不利的影响。

总之，施工期是降低生态功能、影响生物多样性和局地生态破坏较大的时期，应充分注意文明施工，尽最大努力保护生态环境。

4. 园区营运期生态影响分析

随着园区的建成，区内人口增加，单位土地面积的通勤人口密度迅速上升，会对该地区造成巨大压力。

本次研究的化工产业园区污水处理厂现状尾水排入纳污河流，排口位置与纳污河流洪水调蓄区最近距离约 700 m，尾水排放将对纳污河流生态环境产生一定影响。目前园区污水处理厂已进行两次提标改造，提标改造后执行《城镇污水处理厂污染物排放标准》（GB 18918—2002）表 1 中一级 A 标准和《化学工业水污染物排放标准》（DB 32/939—2020）要求，对纳污河流生态环境总体影响较小。截污导流工程实施后，清水、污水和涝水各行其道，互不干扰。

本次规划用地的建设对区域生态环境存在不可避免的影响，但通过合理的规划与建设能尽量减轻不利影响，可以基本上保证区域生态环境质量不降低。

9.8 社会影响分析

社会影响分析主要结合化工产业园区的实际特点，从拆迁安置、影响耕作、解决就业等方面对其建设发展中的社会影响进行分析。

9.8.1 拆迁安置

化工产业园区在开发建设过程中，由于用地规划的变动，不可避免地会涉及到拆迁问题。征地拆迁，是加速城镇化、工业化发展的必经之路，有利于改善民生、发展社会经济。但在实际工作中却常常成了引发公众矛盾纠纷、影响社会稳定的导火索。化工产业园区的拆迁同样面临以下问题：

（1）民众、政府两者关于征地补偿标准确定的矛盾。随着社会进步与人民生活水平的提高，人民群众包括被征地农民的法律意识都在逐步提高，维护个人利益的动机更强。被征地农民往往参照发达地区的征地补偿标准和政府招拍挂的价格来衡量征地补偿标准的高低，普遍认为现行土地补偿费、安置补助费偏低，要求提高征地补偿费用，造成征地协议和房屋拆迁签订难。

（2）被征地民众个体情况与执行政策标准差异带来的矛盾。涉及征地拆迁的民众主要为农民，从事耕作劳动。被拆迁户主要劳动力的年龄、家庭人口数量等带来的家庭情况差异和复杂性导致拆迁安置具有多样性。此外，建设单位为促进度，使得拆迁安置中政策执行存在多变性，可能直接影响到拆迁工作的公正性。

（3）拟征地抢种、抢栽、抢建问题。部分被征地村民大局意识不强，有的民众为在拆迁中获取更多的补偿利益，抢种抢栽，或不同程度地增加地面附属物、构筑物的数量（面积），以套取国家补偿资金。还有村民在拟征土地上兴建过渡房，引发二次拆迁，给工作带来了很大难度。

（4）安置点建设存在的问题。移民安置点建设进度、质量的保证，配套设施建设滞后的情况，也是拆迁过程中引起民众重点关注的问题。

（5）坟墓搬迁与安葬问题。受民族文化影响，自古以来我们的丧葬文化都非常隆重。由于早期没有规划殡葬地块，很多农村地区通常在距离村庄较近的耕地或者山坡上就地土葬，"旧坟头"处于一种散乱分布的状态，对土地资源造成了严重的浪费。除此之外，拆迁后新购墓地的成本比较高，跟补偿的搬迁费差距很大，且有重复搬迁坟墓的现象，造成搬迁难和成本增加。如何规划被征地块上的坟墓搬迁用地，是征地过程中面临的又一问题。

针对上述问题，一方面要加快社会保障工作节奏，根据农民的自身承受能力解决失地农民的社保、医保等问题，消除他们失地后的焦虑心态和抵触情绪，确保失地不失保，彻底消除他们的后顾之忧，鼓励引导农民再次创业，在技术、资金上大力支持。另一方面要规范、细化征地拆迁工作的有关政策，加强监督制约。进一步提高征地拆迁政策的针对性和可操作性，做到科学合理、有章可循，减少随意性。拆迁组人员构成不能单一化，对于征地拆迁等涉及群众切身利益、容易发生职务犯罪的工作，应当吸收检察、纪检、监察、审计等部门人员参加,加强工作组的监督制约,做到公平公正。

9.8.2 影响耕作、就业问题

化工产业园区的建设有利于发展工业企业,充分提升土地利用价值,安置富余劳动力,能有效提高人民收入和生活水平,促进各项事业繁荣、社会和谐。

但失地农民后续发展问题是化工产业园区的开发建设过程中可能遇到的特有性难题。被征地区域农民大多文化程度相对较低,务工技能较差,面对既得利益的丧失,很担心失地后的生活。相当一部分失地农民提出今后的生存、发展问题,其妥善解决是征收土地的先决条件,也是征地工作中面对的首要问题。

针对妥善解决失地农民的生活出路问题,建议政府与征地企业协商,按照"谁征地、谁负责"的原则,优先吸纳失地农民进企业务工,针对失地农民进行技能培训,提高农民生活、生产技能,加快其在城镇工业化进程中的角色转变。

9.9 碳排放环境影响分析

9.9.1 碳排放现状

9.9.1.1 碳排放核算边界

碳排放核算主要以园区规划边界为系统边界,核算边界内的直接排放以及源自边界内活动但发生在外部的间接排放,比如使用外部热力、电力。

区域碳排放核算主要分为能源活动、工业生产过程、农业、土地利用变化和林业、废弃物处理五部分。总结而言,主要包括能源碳排放和非能源碳排放。我国工业部门的碳排放绝大部分来源于化石能源消耗,因此能源活动的碳排放是碳排放核算的主体。结合实际调研情况,本次研究的化工产业园区工业生产排放主要考察园区 51 家在产业企业。园区内部的农业生产活动不多,统计数据难以获取,土地利用变化与林业部分数据也暂缺,故这两部分的碳排放估算忽略。废弃物处理一般包括废水与固体废弃物处理,由于固废处理处置是废弃物处理处置的主要排放源,结合数据可得性,只核算固体废弃物的相关排放。

碳排放核算的主体为能源活动。核算分为园区整体评价与重点调研企业核算两个部分,园区整体的碳排放清单编制主要根据《省生态环境厅关于印发〈江苏省重点行业建设项目碳排放环境影响评价技术指南(试行)〉的通知》(苏环办〔2021〕364号),重点企业核算分析依据《工业其他行业企业温室气体核算方法与报告指南(试行)》和《中国化工生产企业温室气体排放核算方法与报告指南(试行)》,对企业碳排放情况做进一步的核算与分析。

具体碳排放核算方法和碳排放核算过程详见6.5.5.2和6.5.5.3。

9.9.1.2 碳排放现状调查

本次研究的化工产业园区以2020年为基准年,调查了园区内现有51家在产企业的基础资料,其中园区碳排放重点行业企业6家、危废焚烧处置企业2家、自建危废焚烧炉的企业3家。主要调查内容包括企业能源活动排放(燃料燃烧和净购入电力热力)、固体废物处理处置排放、工业生产排放、污水厌氧处理排放,同时对园区移动排放源进行了调查。

根据园区统计资料,区内主要能源消费为煤炭、天然气、电力、热力、汽柴油等。园区企业蒸汽由煤炭燃烧产生,因此不再统计蒸汽消耗量。经分析,园区碳排放种类以能源活动排放、净调入电力为主。园区2020年碳排放总量约为1 853 946.66 t CO_2,其中重点企业碳排放占比约92.23%,详见表9.9.1。

表 9.9.1 本次研究的化工产业园区 2020 年碳排放总量表

排放类型	碳排放量(t CO_2)	占比(%)
重点企业	1 709 847.39	92.23
其他企业	87 157.64	4.70
污水源	9 296.54	0.50
危废焚烧源	22 082.59	1.19
移动源	25 562.50	1.38
合计	1 853 946.66	100.00

根据以上计算过程得出 2019 年和 2021 年园区碳排放量分别为

1 572 159.35 t CO_2 和 2 159 665.95 t CO_2。近几年园区碳排放量增加主要是由于园区目前处于快速发展的阶段,还需不断开发建设和高速发展,具有很强的发展潜力,但园区单位工业增加值碳排放量总体呈下降趋势,同时企业将严格落实减污降碳的发展战略,确保在 2030 年前实现碳达峰。

园区现有企业特别是重点行业企业,应加大蒸汽的梯级利用,电力使用可能还有上升空间,每年可持续降低二氧化碳排放量。园区依法在重点行业企业实施强制性清洁生产审核,并引导其他企业自觉自愿开展审核。通过系统、工艺及设备节能提升能效,鼓励各企业推进节能降耗改造,未来新建项目尽可能选择水平先进、效率高、能耗较低的生产技术,采用高效节能单元工艺和设备等,提升煤炭、电力等能源利用效率,减少碳排放。

9.9.2　碳排放预测

碳排放预测重点考虑规划近、远期发展,结合用地规划变化情况,采用单位工业用地面积碳排放系数法分析规划实施后的工业企业碳排放情况。

本次研究的化工产业园区未征用工业用地主要分布在园区东侧,包含规划新增工业用地、新增项目碳排放。依据该园区碳排放现状核算,2020 年园区碳排放总量约为 1 853 946.66 t CO_2,单位工业用地面积碳排放强度约为 3 312.69 t CO_2/hm^2。2025 年、2030 年和 2035 年新增工业用地面积分别为 50.24 hm^2、130.24 hm^2 和 209.30 hm^2。根据园区碳减排的要求,单位工业用地面积碳排放量不得高于现状值,规划碳排放系数按近期 3 200.74 t CO_2/hm^2、中期 3 150.15 t CO_2/hm^2、远期 3 100.09 t CO_2/hm^2。据此估算规划 2025 年、2030 年和 2035 年新增用地碳排放量分别约为 374 870.67 t CO_2、816 405.67 t CO_2 和 1 054 978.97 t CO_2。近期淘汰关停企业占地 66.88 hm^2,碳排放削减量约为 214 065.49 t CO_2,远期进一步淘汰关停企业占地 60.97 hm^2,碳排放削减量约为 406 130.14 t CO_2。规划实施后工业企业碳排放情况见表 9.9.2。

表 9.9.2　本次研究的化工产业园区规划期工业企业碳排放量预测

类别	2025 年	2030 年	2035 年
新增碳排放量(t CO_2)	374 870.67	816 405.67	1 054 978.97

类别	2025 年	2030 年	2035 年
企业淘汰关停削减量（t CO$_2$）	−214 065.49	−406 130.14	−406 130.14
规划实施后碳排放总量（t CO$_2$）	2 228 817.33	2 670 352.33	2 908 925.63

9.9.3 碳排放评价与发展目标

本次研究的化工产业园区 2020 年工业增加值约为 33.86 亿元，预估 2025 年工业增加值约为 51.48 亿元、2030 年工业增加值约为 102.96 亿元、2035 年工业增加值约为 173.25 亿元。结合上述碳排放估算，园区工业企业单位工业增加值碳排放强度见表 9.9.3。由表可见，园区规划期工业企业碳排放强度持续下降。

表 9.9.3 本次研究的化工产业园区碳排放强度估算表

时间	碳排放总量（t CO$_2$）	单位工业增加值碳排放量（t CO$_2$/万元）
现状 2020 年	1 853 946.66	5.48
近期 2025 年	2 228 817.33	4.33
中期 2030 年	2 670 352.33	2.59
远期 2035 年	2 908 925.63	1.68

到 2025 年，园区绿色低碳循环发展的经济体系基本形成，重点行业能源利用效率大幅提升，为实现地方碳达峰奠定坚实基础，园区单位工业增加值碳排放量比 2020 年下降约 20.99%，可达到《江苏省"十四五"生态环境保护规划》中提到的"力争到 2025 年单位工业增加值二氧化碳排放量下降 20%"的目标。同时建议园区主要高耗能行业单位产品二氧化碳排放应达到世界先进水平，对于能耗总量大于 5 000 t 标煤/a 的项目须经批准后方可进入，且综合能耗须优于省市最新相关要求。

到 2030 年前，园区经济社会发展绿色低碳转型将发生根本性改变，低碳技术创新和低碳产业发展取得长足进展，重点耗能行业能源利用效率达到国际先进水平，为实现碳中和奠定良好开端；确保二氧化碳排放量 2030 年前达峰并争取稳中有降；单位工业增加值碳排放量持续下降，到 2035 年园区单位工业增加值碳排放量比 2020 年下降 69.33% 以上。

9.10 区域环境风险评价

9.10.1 环境风险识别

9.10.1.1 环境风险物质识别

通过对园区内主要企业资料的收集和整理,结合现场踏勘,根据《建设项目环境风险评价技术导则》(HJ 169—2018)及《危险化学品重大危险源辨识》(GB 18218—2018)对园区内主要环境风险企业的环境风险物质情况进行识别。

9.10.1.2 环境风险企业识别

通过对园区各在产企业的生产工艺和风险装置进行全面识别,根据《企业突发环境事件风险评估指南(试行)》和《危险化学品重大危险源辨识》(GB 18218—2009)确定园区内企业的环境风险类别和等级。本次研究的化工产业园区共 32 家企业环境风险等级为较大或重大,这些企业均建立了健全的环境应急管理体系,同时针对水环境风险、大气环境风险采取了相应的应急防控措施。

9.10.1.3 运输过程风险识别

1. 公路运输环境风险识别

企业通过公路运输的化学品及其环境风险识别结果见表 9.10.1。

表 9.10.1 运输过程的风险特征

风险类型	危害	原因分析
泄漏	污染陆域、地表水;火灾、爆炸	碰撞、翻车;装卸设备故障;误操作
火灾、爆炸	财产损失;人员伤亡;次生污染	燃料泄漏;存在机械、高温、电气、火源隐患

2. 公共管廊环境风险

本次研究的化工产业园区规划建设公共管廊,规划入公共管廊的管线主要包括给水管、污水管、天然气管、通信管线、供热管线、氢气管线等,公共管廊路径规划为二横五纵。公共管廊的投用过程中同样存在泄漏、火灾、爆炸、中毒的风险。

9.10.1.4 基础设施风险识别

园区污水处理厂废水处理设施发生故障或投加药剂不足时,废水处理系统去除率下降,甚至废水未经处理直接外排,超标污水将影响周边地表水水质。

本次研究的化工产业园区内存在 5 个危废处置单位,涉及危险易燃易爆废弃物等,存在发生物质泄漏甚至危废临时堆场火灾和爆炸的可能性。同时危废焚烧烟气的处理设施若发生故障,将导致废气超标排放,废气中二噁英、VOCs 等污染物将影响大气环境质量。园区基础设施风险识别情况如表 9.10.2 所示。

表 9.10.2 本次研究的化工产业园区基础设施风险识别一览表

名称	装置名称	潜在的风险事故
污水处理厂	废水排口	废水事故排放进入受纳水体
	污泥地	废水处理污泥泄漏导致周边土壤、地下水污染
危废处置单位	危废处置设施	焚烧烟气故障排放
		危废火灾爆炸造成次生伴生毒害物质进入大气,消防废水及废液污染水体
		渗滤液发生泄漏导致周边土壤、地下水污染

9.10.1.5 环境风险受体识别

一般主要环境风险受体包括大气环境风险受体、水环境风险受体和土壤、地下水环境风险受体。

大气环境风险受体主要包括园区及周边 5 km 范围内居住、医疗卫生、文化教育、科研、行政办公等主要功能区域内的人群。

水环境风险受体主要包括园区周边地表水体,本次研究的化工产业园区主要涉及园区内部河、纳污河流等水域。

土壤、地下水环境风险受体主要为园区内的农林用地和居住用地等区域。

9.10.2 典型风险事故分析及预测

本次研究的化工产业园区各企业环境风险物质最大储存量与临界量比值排序情况(前十名)以及距离风险受体较近的企业见表 9.10.3。

表 9.10.3　本次研究的化工产业园区企业 Q 值前十名排序

序号	企业名称	涉气 Q 值	涉水 Q 值	备注
1	某纤维有限公司	1 417.45	1 417.45	靠近园区东边界,且占地范围大,距离居民区较近
2	某硅化学股份有限公司(二厂)	346.40	346.40	靠近园区西边界,距离居民区较近
3	某化学有限公司(北厂区)	269.891	370.975	园区内部
4	某药业有限公司	245.296	309.296	园区内部
5	某化学有限公司(南北厂区)	185.601	185.52	园区内部
6	某科技有限公司	137.03	39.43	靠近园区南边界
7	某化工有限公司 1	128.25	131.52	园区内部
8	某科技股份有限公司	116.86	152.85	园区内部
9	某硅化学股份有限公司(一厂)	135.33	116.102	园区内部
10	某化工有限公司 2	113.03	280.00	靠近园区南边界

由上表可知:某纤维有限公司风险物质存储量大,且靠近园区东边界,距离居民区较近,其主要风险物质为二硫化碳,二硫化碳属于可燃、挥发性强、易爆有毒物质且储量大,有发生中毒和火灾爆炸的危险,会对周围较大范围内的环境和人群造成影响;某硅化学股份有限公司(二厂)风险物质存储量大,且靠近园区西边界,距离居民区较近,其主要风险物质为氯苯,氯苯毒性及挥发性较大;某环保有限公司(园区污水处理厂)靠近园区北边界,且距离纳污河流较近。园区涉及的剧毒化学品有:某化学有限公司的氰化钠,某化工有限公司 1 的氯甲酸乙酯和氟乙酸甲酯,某药业有限公司的氰化钠和甲基磺酰氯。某化工有限公司 2 属于生产合成氨企业,厂内液氨储量大,氨气泄漏属于常见的化学品泄漏,若储罐发生泄漏,则液氨迅速挥发成氨气扩散开来,影响范围通常集中在 1 km 范围以内,厂内影响比厂外大;某硅化学股份有限公司(一厂)储罐数量较多,罐内的乙醇、三甲基氯硅烷、六甲基二硅氮烷等原料易爆炸,若发生事故会对周边环境造成较大影响。

选取某化学有限公司甲苯、二氯乙烷储罐泄漏,某纤维有限公司硫酸、碱、氨水、二硫化碳、硫磺储罐发生泄漏,某硅化学股份有限公司(一厂)乙醇泄漏引发火灾爆炸以及某科技股份有限公司二甲苯泄漏、丙酮储罐火灾爆炸作为大气环境风险事故情景分析典型案例,可基本涵盖园区可能发生的突发大气环境事件。选取园区污水处理厂运行异常、污水超标排放作为水环境风险事故进行分析。具体事故情景详见表9.10.4。

表 9.10.4　本次研究的化工产业园区典型事故情景

序号	事故单元名称	事故原因	评价因子	事故情景
1	某化学有限公司	甲苯、二氯乙烷储罐泄漏	甲苯、二氯乙烷	设定甲苯、二氯乙烷储罐阀门及管道连接处发生泄漏,在10 min内即可控制泄漏,因此持续时间设置为10 min
2	某纤维有限公司	硫酸、碱、氨水、二硫化碳、硫磺储罐发生泄漏	硫酸、碱、氨水、二硫化碳、硫磺	设定硫酸、碱、氨水、二硫化碳、硫磺储罐发生泄漏,在30 min内处理事故泄漏物质完毕,因此持续时间设置为30 min
3	某硅化学股份有限公司(一厂)	乙醇泄漏引发火灾爆炸	一氧化碳	乙醇储罐泄漏爆炸后在15 min后停止泄漏
4	某科技股份有限公司	二甲苯泄漏、丙酮储罐火灾爆炸	二甲苯、一氧化碳	二甲苯、丙酮储罐泄漏爆炸后在15 min后停止泄漏
5	某环保有限公司	污水事故排放	COD、氨氮	园区污水处理厂污水超标进入纳污河流

1. 某化学有限公司甲苯、二氯乙烷储罐泄漏事故

1) 预测源强

考虑事故发生频率及影响,选取单个甲苯储罐(最大 95 m³)、二氯乙烷储罐(最大 60 m³)10 min 内泄漏完进行预测,泄漏速率采用《建设项目环境风险评价技术导则》(HJ 169—2018,以下简称《导则》)附录 F 中推荐的液体泄漏伯努利方程计算,并考虑表面气流的运动导致的质量蒸发,具体计算公式如下:

$$Q_L = C_d A \rho \sqrt{\frac{2(P - P_0)}{\rho} + 2gh} \qquad (9\text{-}14)$$

式中:C_d——液体泄漏系数,无量纲;

A——裂口面积,m²;

ρ——泄漏液体密度,kg/m³;

P——容器内介质压力,Pa;

P_0——环境压力,Pa;

g——重力加速度,m/s²;

    h——裂口之上液位高度,m;

    Q_L——液体泄漏速度,kg/s。

甲苯、二氯乙烷在常温常压下为液态,当发生泄漏时,物料以液体形式泄漏到地面形成液池,在液池表面气流作用下发生质量蒸发现象,从而扩散进入大气,根据导则附录 F,液体质量蒸发速率可以由以下公式计算而得:

$$Q_3 = \alpha p \frac{M}{RT_0} u^{\frac{(2-n)}{(2+n)}} r^{\frac{(4+n)}{(2+n)}} \tag{9-15}$$

式中:Q_3——质量蒸发速率,kg/s;

    p——液体表面蒸气压,Pa;

    R——气体常数,J/(mol·K);

    T_0——环境温度,K;

    M——物质的摩尔质量,kg/mol;

    u——风速,m/s;

    r——液池半径,m,本项目设有围堰,以围堰最大等效半径(9.77 m)为液池半径;

    α,n——大气稳定度系数,按导则附录表 F.3 取值。

建设单位罐区设置了紧急隔离系统,泄漏时间取 10 min。

2) 预测结果

甲苯泄漏后,在当地最常见气象条件下,事故源周边均不会出现超过毒性终点浓度-2 和毒性终点浓度-1 的影响范围。在最不利气象条件下,超过毒性终点浓度-2 范围为 60 m 内、毒性终点浓度-1 范围为 10 m 内,事故基本不会对厂界外周边环境产生显著影响。

2. 某纤维有限公司硫酸、碱、氨水、二硫化碳、硫磺储罐泄漏事故

1) 预测源强

某纤维有限公司有氨水罐 2 个,每个 45 m³;碱罐 4 个,2 个为 10 000 m³,2 个为 2 000 m³;硫酸厂罐区硫酸储罐 2 个,每个 3 100 m³;硫磺储罐 2 个,每个 1 200 m³;硫酸储罐 6 个,每个 2 000 m³;二硫化碳储罐 7 个,每个 53 m³。最大存储量为储罐容量的 75%。采用《建设项目环境风险评价技术导则》(HJ 169—2018)附录 F 事故源强计算方法进行计算。

（1）液体泄漏计算公式

根据导则附录 F，泄漏计算公式可用流体力学伯努利方程计算，具体见公式（9-14）。

（2）泄漏液体蒸发速率计算公式

泄漏液体的蒸发分为闪蒸蒸发、热量蒸发和质量蒸发三种，其蒸发总量为这三种蒸发之和。

闪蒸蒸发估算：

$$F_v = \frac{C_p(T_T - T_b)}{H_v} \qquad (9\text{-}16)$$

过热液体闪蒸蒸发速率可按下式估算：

$$Q_1 = Q_L \times F_v \qquad (9\text{-}17)$$

式中：F_v——泄漏液体的内蒸比例；

T_T——储存温度，K；

T_b——泄漏液体的沸点，K；

H_v——泄漏液体的蒸发热，J/kg；

C_p——泄漏液体的定压比热容，J/(kg·K)；

Q_1——过热液体内蒸蒸发速率，kg/s；

Q_L——物质泄漏速率，kg/s。

热量蒸发估算：

$$Q_2 = \frac{\lambda S(T_0 - T_b)}{H\sqrt{\pi \alpha t}} \qquad (9\text{-}18)$$

式中：Q_2——热量蒸发速率，kg/s；

T_0——环境温度，K；

T_b——泄漏液体沸点，K；

H——液体汽化热，J/kg；

t——蒸发时间，s；

λ——表面热导系数，W/(m·K)；

S——液池面积，m²；

α——表面热扩散系数，m²/s。

质量蒸发速率 Q_3 按公式(9-15)估算:

液体蒸发总量计算:

$$W_P = Q_1 t_1 + Q_2 t_2 + Q_3 t_3 \qquad (9\text{-}19)$$

式中:W_P——液体蒸发总量,kg;

　　　Q_1——闪蒸液体蒸发速率,kg/s;

　　　Q_2——热量蒸发速率,kg/s;

　　　Q_3——质量蒸发速率,kg/s;

　　　t_1——闪蒸蒸发时间,s;

　　　t_2——热量蒸发时间,s;

　　　t_3——从液体泄漏到全部清理完毕的时间,s。

2)预测结果

储罐发生泄漏事故后使用导则推荐的 AFTOX 烟团扩散模型,利用 EIA-ProA2018 软件计算。

氨水储罐泄漏在第 30 min 时产生最大影响距离 86 m,氨水储罐周围 100 m 范围内无敏感目标,因此本厂区氨水泄漏对周围环境敏感目标影响较小。

二硫化碳储罐泄漏在第 30 min 时,产生最大影响距离 264 m,根据现场调查二硫化碳罐区储罐周围 300 m 范围内无敏感目标,因此本厂区二硫化碳泄漏对周围环境敏感目标影响较小。

3. 某硅化学股份有限公司(一厂)乙醇储罐泄漏引发火灾爆炸

(1)预测源强

选取乙醇储罐因破裂发生物料泄漏进行预测,该企业单个乙醇储罐容积为 60 m^3,常温常压储存,储罐泄漏点之上液位高度 0.8 m,裂口直径按 1 cm,裂口面积为 0.785 cm^2,经过紧急处理,15 min 后使物料停止泄漏。根据伯努利方程计算,确定本次乙醇储罐发生泄漏事故时乙醇泄漏的速度为 2.406 6E^{-1} kg/s。

当乙醇泄漏引发火灾爆炸时,根据《建设项目环境风险评价技术导则》(HJ 169—2018)附录 F,火灾伴生/次生一氧化碳产生量的计算公式如下:

$$G_{CO} = 2\,330qCQ \qquad (9\text{-}20)$$

式中:G_{CO}——一氧化碳的产生量,kg/s;

　　　C——物质中碳的含量,取 85%;

　　　q——化学不完全燃烧值,取 1.5%～6.0%。

Q——参与燃烧的物质量,t/s。

计算得出该企业乙醇泄漏引发火灾爆炸燃烧伴生/次生一氧化碳产生量为 0.015 kg/s。

（2）预测结果

预测结果显示,最不利气象条件下乙醇储罐火灾/爆炸事发区域次生/伴生 CO 的大气毒性终点浓度值－2(95 mg/m³)的最大影响范围为 410 m,达到大气毒性终点浓度值－1(380 mg/m³)的最大影响范围为 210 m,在此范围内无居民点等敏感目标,但有部分企业员工,发生事故时应及时疏散。

4. 某科技股份有限公司二甲苯泄漏和丙酮储罐泄漏事故

1）预测源强

选取二甲苯泄漏的情况进行预测,预测范围内被认为连续排放,根据《建设项目环境风险评价技术导则》(HJ 169—2018)附录 G 中相关公式进行计算,得出泄漏排放的理查德森数 R_i＝0.022 16,R_i＜1/6,故为轻质气体。扩散计算采用 AFTOX 模式。

丙酮泄漏后发生火灾,由于次生 CO 的密度小于空气密度,且由于火灾产生热量,导致其上浮。因此,在评价范围内,选用 AFTOX 模型进行预测。

2）预测结果

二甲苯泄漏后,在当地最常见气象条件下,各计算浓度均小于毒性终点浓度－2;最不利气象条件下,各计算浓度均小于毒性终点浓度－1,毒性终点浓度－2 的最大影响范围为 10 m。

在当地最常见气象条件下,丙酮火灾爆炸次生 CO 毒性终点浓度－1 的影响范围为 190 m,毒性终点浓度－2 的影响范围为 460 m;最不利气象条件下,次生 CO 毒性终点浓度－1 的影响范围为 510 m,毒性终点浓度－2 的影响范围为 1 210 m。不利气象条件下次生 CO 毒性终点浓度－2 的影响范围已到达距离本项目最近的敏感点宋营,约在事故发生后的 13.44 min 到达。

5. 某环保有限公司(园区污水处理厂)污水事故排放

1）预测源强

混合过程段的长度可按下式估算:

$$L=(0.4B-0.6a)/(0.058H+0.006\ 5B)u \tag{9-21}$$

$$u=(gHJ)^{1/2} \tag{9-22}$$

式中:L——混合过程长度,m;

B——河流宽度,m;

a——排放口距岸边的距离,m;

u——河流断面平均流速,m/s。

非持久性污染物是指在地面水中由于生物作用而逐渐减少的污染物,如 COD、氨氮等。对于非持久性污染物充分混合段预测模式选用 S—P 模式,具体计算公式如下:

$$C = C_0 \exp\left(-K_1 \frac{X}{86\ 400u}\right) \tag{9-23}$$

$$C_0 = (C_p Q_p + C_h Q_h)/(Q_p + Q_h) \tag{9-24}$$

式中:C——断面平均浓度,mg/L;

C_0——污染物初始浓度,mg/L;

C_p——废水排放浓度,mg/L;

Q_p——废水排放量,m³/s;

C_h——上游水质浓度,mg/L;

Q_h——河流径流量,m³/s;

K_1——耗氧系数,1/d;

X——计算断面距初始断面距离,m;

u——河流流速,m/s。

相关水文参数选取见表 9.10.5。

表 9.10.5　本次研究的化工产业园区纳污河流相关水文参数取值

变量	B(m)	Q_h(m³/s)	H(m)	u(m/s)	K_1,COD(1/d)	K_2,氨氮(1/d)
取值	1 100	7 800	5	2.8	2.2	2.0

2) 预测结果

混合过程段的长度为 543 m。

正常事故排放情况下充分混合断面 COD、氨氮初始浓度分别为 29.324 3 mg/L、1.725 1 mg/L,非正常事故排放情况下充分混合断面 COD、氨氮初始浓度分别为 114.459 5 mg/L、7.400 8 mg/L。

在非正常事故排放条件下,纳污河流受本污水处理厂尾水排放的影响, COD 在下游 14 700 m 处达Ⅳ类水质标准,氨氮在 19 100 m 处达Ⅳ类水质标准,对纳污河流的水质产生一定影响。因此污水处理厂应加强日常管理,定期维护污水处理设备,确保污水处理厂尾水达标排放。

9.10.3 环境风险评价结论和建议

随着本次研究的化工产业园区规划的实施,园区对周围地区的环境影响将增加。因此,必须在园区规划、项目引进、设计施工和生产运行等方面加强管理,防范和减少风险事故发生。

从环境风险上,规划项目涉及较多易燃易爆及有毒有害的危险性物质,产业规划实施后风险事故的类型主要有火灾爆炸,毒物泄漏等。事故源主要来自园区内各企业贮罐区和生产装置区。火灾爆炸主要环境危害为伴生/次生的烟尘,及引发的物料泄漏和产生的消防液对外部水系的危害;毒物泄漏的环境影响则为毒性物质挥发、扩散造成的大气环境污染。

园区内主要河流均采用闸门进行拦截、导流,同时部分河流通过泵抽提等方式,有效降低水体环境风险。园区根据已备案的企业突发环境事件应急预案,对可能发生大气环境事件的建设项目,规定了企业须告知环境风险源周边人员疏散路线和疏散防护地。

根据园区内企业类型及企业内有毒有害物质使用情况,企业排放甲苯、二甲苯、Cl_2、HCl、$VOCs$ 等废气特征污染物及重金属、石油类等废水特征污染物,建议园区针对区域内实际排放情况适当增加废水、废气特征污染物应急监测设备,提高应急监测的针对性和有效性,必要时可委托第三方监测机构协助进行应急监测。

园区依托当地环境成立应急专家组,涉及应急管理、环境、安全等专业领域,很多专家来自园区内企业专业人员。建议园区设立专职或兼职的环境应急救援队伍,提高队伍的专业化、社会化水平。同时培育专业化、标准化、规范化的第三方环境应急处置队伍,并定期对第三方环境应急处置队伍能力进行评估,建立和完善日常运行管理机制,提高应急人员素质和装备水平,有效提高应急处置响应速度与效率。

园区应设置环境应急物资储备库,区内的部分重点风险企业配置了相应的应急处置队伍和应急物资,可紧急调用。管理机构应定期检查各企业应急处置设备的维护和应急物资储备情况,及时、准确掌握环境应急物资储备信息,加强对环境应急物资储备的监督管理,保障环境应急所需物资的及时调拨和配送。

10

资源与环境承载状态评估

10.1 资源承载力分析

10.1.1 土地资源

10.1.1.1 土地使用现状及潜力

本次研究的化工产业园区现状已开发建设用地 678.85 hm^2，规划建设用地 968.97 hm^2，从可供开发的新增用地具体用地类型角度分析（见表10.1.1），新增建设用地主要为工业用地、城市道路用地和防护绿地。一方面，区内农林用地显著减少以保证工业发展的需要；另一方面，通过关停部分企业，腾笼换鸟，盘活余量约 66.88 hm^2 满足用地需求。综上，园区土地资源能够支撑本次开发规模。

表 10.1.1　本次研究的化工产业园区土地利用现状与规划比较

序号	用地代码		用地名称	用地面积(hm^2)	
				现状	规划
1	M		工业用地	559.65	755.71
		M3	三类工业用地	559.65	751.11
		Ma	生产研发用地	0.00	4.60
2	S		道路与交通设施用地	25.02	80.33
		S1	城市道路用地	25.02	80.33

续表

序号	用地代码			用地名称	用地面积（hm²）	
					现状	规划
3	U			公用设施用地	8.17	11.17
		U1		供应设施用地	0.36	2.02
			U12	供电用地	0.36	2.02
		U2		环境设施用地	7.81	8.55
			U21	排水用地	7.81	8.55
		U3		安全设施用地	0.00	0.60
			U31	消防用地	0.00	0.60
4	G			绿地与广场用地	86.01	121.76
		G2		防护绿地	86.01	121.76
	小计			城市建设用地	678.85	968.97
5	E			非城市建设用地	310.05	19.93
		E1		河流水域	25.86	19.93
		E2		农林用地	284.19	0.00
	合计				988.90	988.90

10.1.1.2　土地生态适宜性分析

本次研究的化工产业园区内部地质条件较好，无推测断层及活动断裂带通过，适宜建设。园区属于《某市城市总体规划》规划区"三区"划定中的适建区。

园区位于《某市主体功能区实施规划》确定的优化开发区，不涉及限制开发区域和禁止开发区域。

对照《江苏省国家级生态保护红线规划》（苏政发〔2018〕74 号）和《江苏省生态空间管控区域规划》（苏政发〔2020〕1 号），园区规划范围内不涉及生态空间管控区域；规划区域属于《某市"三线一单"生态环境分区管控实施方案》中划定的重点管控单元。因此本次规划方案，尤其是产业发展须严格按照某市环境管控单元准入要求进行规划，建立环境风险防控体系，提高资源开发效率。

综上所述，园区所在区域具有良好的生态适宜性，可以支撑规划区域用地规划。

10.1.2　水资源

根据《2020 年某市水资源公报》,2020 年园区所在市水资源总量43.537 亿 m³。水资源公报显示,2020 年全市总用水量 24.036 亿 m³,其中:农田灌溉占 71.9%;林牧渔畜业占 8.9%;工业用水占 6.7%;城镇公共用水占 3%;居民生活用水占 8.9%;生态环境用水占 0.6%。

园区用水依托水厂,设计规模 10 万 m³/d,其中工业用水设计供水能力4 万 m³/d,实际供水量约 1.5 万 m³/d;生活用水供水能力 6 万 m³/d,实际供水量约 5 万 m³/d。区域供水管道敷设至园区,主干管管径 DN500 mm。根据园区统计,2020 年用水量平均为 2.33 万 m³/d,近期用水量为 2.48 万 m³/d,远期用水总量为 3.33 万 m³/d。在不考虑中水回用量的情况下,新增用水需求约 1.0 万 t/d,而水厂工业用水供水量还有 2.5 万 m³/d 的余量。

为了确保园区的供水安全,规划沿南部主路布置给水主干管,与区域供水干管成环,管径为 DN300～DN500 mm,布置给水次干管,管径为DN200 mm,其余道路为给水支管,管径为 DN150 mm,以提高园区的供水可靠性。

综上,供水能力和管网配套建设能够满足园区集中供水需求。

此外,园区内有三家企业生产用水取自地表水。据调查,某电灌站通过干渠提供地表水,供水能力 80 万 t/d(折合 2.92 亿 t/a),能够满足上述企业工业取水的需求。

10.1.3　能源

1. 天然气

园区内企业主要将天然气作为生产原料和燃料。目前,园区年用气量约1 000 万 m³,规划近期天然气用气量为 1 739 万 m³/a,远期天然气用气量为2 267 万 m³/a。根据调查,中石油昆仑燃气有限公司采用管道输送天然气的方式向园区供气,目前已完成园区扬子路燃气管网铺设工作,气源稳定,燃气主管网管径 250 mm,线路长约 22 km,设计压力为 0.4 MPa,运行压力为0.34 MPa,供气能力为 2 亿 m³/a,设计流量为 10 000 Nm³/h。同时,根据天然气管道规划,还将完善区内各支路的燃气管网,并建设一处高中压调压站以保障园区天然气供应。综上,区域天然气供气管道铺设已完成,在气源和供气能力方面能够满足园区规划期内用气需求。

2. 电力

园区建有 110 kV 公共变电站 1 座,110 kV 企业自备变电站 2 座。110 kV 光前变,现状主变容量 80+50 MVA,110 kV 电源进线引自 220 kV 卓圩变。建成 10 kV 供电线路 15 条,绝大部分沿道路架空敷设,线路总长约 165.47 km,其中单回线路 4 条共计 37.98 km,双回线路 3 条共 21.44 km,四回线路 8 条共 106.05 km。目前,园区公共变电站日供电能力 15 万 kWh,年用电量约 7.23 亿 kWh。

本次规划园区主供电源引自现状 110 kV 光前变,新增的主变应采取 110 kV 直降 10 kV(中压配电电压)。同时规划 110 kV 高压线路走廊规划专用通道。综上,可为区域发展提供可靠的电源保障。

3. 能源结构

根据园区 2020—2021 年能源结构统计,2020 年、2021 年园区综合能耗分别约 56.15 万 t 标煤、60.91 万 t 标煤,单位工业总产值综合能耗分别为 0.52 t 标煤/万元、0.43 t 标煤/万元,呈现降低趋势,能源利用效率不断提升。2021 年园区单位工业总产值能耗可满足《绿色化工园区评价导则》(HG/T 5906—2021)相关指标(0.5 t 标煤/万元)要求。

10.2　环境承载状态评估

10.2.1　大气环境

1. 控制区

大气环境容量控制区范围为本次研究的化工产业园区规划所在范围,面积 9.9 km²。

2. 环境空气质量目标

园区所在区域为空气质量功能二类区,环境空气质量要求达到《环境空气质量标准》(GB 3095—2012)的二级标准。

3. 容量估算模式选取

采用 AERMOD 模型算法对园区大气环境容量进行测算,确定大气污染物最大允许排放量。

4. 大气环境容量计算结果

根据上述方法和参数,计算得到园区主要大气污染物的环境容量,即年允许排放量值,结果见表 10.2.1。总量控制限值与大气环境容量的对比分析见表 10.2.2。

表 10.2.1 本次研究的化工产业园区大气环境容量计算结果一览表

序号	污染物	预测最大值 ($\mu g/m^3$)	背景浓度 ($\mu g/m^3$)	浓度限值 ($\mu g/m^3$)	预测环境容量 (t/a)
1	SO_2（日均）	1.738	20	150	3 693.656
2	NO_x（日均）	4.555	51	80	448.337
3	PM_{10}（日均）	1.465	149	150	-587.934
4	NH_3	45.854	44	200	192.750
5	VOCs	222	860	2 000	1 261.211
6	CO	1.501	1 300	4 000	59 921.688
7	HCl	22.149	32	50	50.214
8	Cl_2	3.841	53	100	49.619
9	甲醇	46.989	50	3 000	3 101.880
10	甲醛	1.143	25	50	52.592
11	甲苯	36.6	0.2	200	234.009
12	H_2S	1.172	5	10	5.001
13	硫酸雾	6.294	66	300	247.001
14	氟化物	0.797	0.738	20	22.472

注:PM_{10}、SO_2、NO_2 按日均值计算,其他按照小时值计算;NO_2、SO_2、PM_{10}、CO 背景值分别选取 2021 年园区大气环境监测站逐日数据第 98 分位、第 98 分位、第 95 分位和第 95 分位质量浓度。其他污染物按网格点环境空气质量现状浓度计算。

表 10.2.2 本次研究的化工产业园区总量控制限值与大气环境容量的对比分析

序号	污染物	预测环境容量 /最大允许排放量(t/a)	总量控制限值 /规划新增排放量(t/a)	剩余环境容量 (t/a)
1	SO_2	3 693.656	-481.154	4 174.810
2	NO_x	448.337	-294.043	742.380
3	PM_{10}	-587.934	-624.764	36.830
4	VOCs	1 261.211	63.524	1 197.687

续表

序号	污染物	预测环境容量/最大允许排放量(t/a)	总量控制限值/规划新增排放量(t/a)	剩余环境容量(t/a)
5	NH₃	192.750	26.698	166.052
6	H₂S	5.001	0.789	4.212
7	硫酸雾	247.001	−1.981	248.982
8	甲苯	234.009	27.317	206.692
9	甲醇	3 101.880	29.327	3 072.553
10	甲醛	52.592	−0.010	52.602
11	HCl	50.214	29.013	21.201
12	氟化物	22.472	1.672	20.800
13	Cl₂	49.619	1.509	48.110
14	CO	59 921.688	41.198	59 880.490

由表 10.2.1 可见,园区大气污染物指标(除颗粒物外)尚有部分环境容量。从表 10.2.2 可以发现,园区常规大气污染物方面由于本次规划期内削减量大于新增量,因此剩余环境容量有所增加。废气特征污染物排放有所增加,但均未突破大气环境承载力,仍有一定的剩余环境容量。

10.2.2 水环境

2020 年的监测数据显示,本次研究的化工产业园区周边水体上布设的各监测点各个监测因子浓度均满足《地表水环境质量标准》(GB 3838—2002)Ⅳ类水质标准,SS 浓度满足《地表水资源质量标准》(SL 63—94)四级标准要求,表明区域地表水环境质量总体较好。

结合园区主要受纳水体的总体监测数据情况来看,2017 年以来区域地表水 COD、氨氮、总磷等主要指标浓度逐年呈现下降趋势,表明地表水环境质量逐步得到改善。

按园区污水处理厂以及两家直排企业申报的排水量统计园区现状,COD 和氨氮批复排放量分别为 1 239.65 t/a 和 117.7 t/a,低于 2020 年限排总量;根据规划远期实施中水回用计划的情况下,COD 和氨氮排放量分别为 676.31 t/a 和 67.63 t/a,控制在 2035 年限排总量内,因此未突破纳污河流农业用水功能区的纳污能力。

10.3 污染物总量控制要求

对照《"三线一单"生态环境分区管控实施方案》,本园区为重点管控单位,但方案中未对污染物排放管控做出明确要求。

1. 废气

由于本次研究的化工产业园区规划期内大气常规污染物持续削减,特征污染物有效控制增量,规划建设开发后区域各大气污染物仍具有一定程度的剩余环境容量。园区大气污染物排放总量控制限值见表10.3.1。

表 10.3.1　本次研究的化工产业园区大气污染物排放总量控制表　　单位:t/a

污染物名称	现有企业排放许可量	规划新增排放量	关停企业削减量	企业技改提升削减量	规划远期预测排放量	总量控制量
SO_2	796.476	85.759	254.92	311.993	315.322	315.322
颗粒物	433.253	57.614	256.793	94.864	139.210	139.210
NO_x	1 192.761	174.394	385.485	413.673	567.997	567.997
VOCs	340.379	190.449	31.082	95.843	403.903	403.903
氨	33.515	35.163	0.233	8.232	60.213	60.213
H_2S	45.804	0.971	0	0.182	46.593	46.593
硫酸雾	15.068	6.854	8.403	0.432	13.087	13.087
甲苯	24.020	31.129	1.13	2.682	51.337	51.337
甲醇	30.170	37.94	0.61	8.003	59.497	59.497
丙酮	4.584	5.370	0	1.756	8.198	8.198
甲醛	0.877	1.108	0.116	1.002	0.867	0.867
HCl	61.979	33.434	2.37	2.051	90.992	90.992
氟化物	3.655	2.029	0.357	0	5.327	5.327
Cl_2	3.959	2.764	1.255	0	5.468	5.468
CO	38.587	52.776	0	11.578	79.785	79.785
二噁英(TEQg/a)	0.467	0.473	0	0	0.940	0.940

根据上轮环评批复的《某市经济开发区北区环境影响报告书》中的大气污染物排放总量核算:SO_2排放量 2 315.4 t/a、颗粒物 730.4 t/a。本轮规划的 SO_2 和颗粒物控制排放量均大幅削减,详见表 10.3.2。

表 10.3.2　与上轮规划环评总量情况对比　　　　单位：t/a

污染物名称	上轮规划环评批复总量	本轮规划环评控制总量	变化量
SO_2	2 315.400	315.322	−2 000.078
颗粒物	730.400	139.210	−591.19
NO_x	—	567.997	—
VOCs	—	403.903	—

2. 废水

区内除两家企业直排外,其他企业废水均接入园区污水处理厂。因园区污水处理厂规划期内维持现状,则区内接管企业的废水污染物排放总量均在园区污水处理厂总量指标内平衡。远期直排企业 1 搬迁,故排水量不予考虑,直排企业 2 和园区污水处理厂均实施中水回用计划,回用 40%。园区废水总量控制指标见表 10.3.3。

表 10.3.3　本次研究的化工产业园区废水排放总量控制表　　　　单位：t/a

污染物名称	现有批复总量				规划远期预测排放量	总量控制量
	污水处理厂	直排企业 2	直排企业 1	小计		
废水量	912.5 万	1 544.5 万	126.75 万	2 583.75 万	1 352.61 万	1 352.61 万
COD	456.25	682	101.40	1 239.65	676.31	676.31
氨氮	45.625	59.40	12.675	117.70	67.63	67.63
总磷	4.563	6.82	0.634	12.02	6.77	6.77
总氮	136.875	204.6	15.00	356.48	202.89	202.89

根据上轮规划环评批复的《某市经济开发区北区环境影响报告书》中的废水污染物排放总量核算:废水量 5 840 万 t/a、COD 3 504 t/a、氨氮 1 033 t/a、总磷 31.8 t/a。本轮规划的废水量、COD、氨氮和总磷控制排放量均大幅削减,详见表 10.3.4。

表 10.3.4　与上轮规划环评总量情况对比　　　　单位：t/a

污染物名称	上轮规划环评批复总量	本轮规划环评控制总量	变化量
废水量	5 840 万	1 352.61 万	−4 487.39 万
COD	3 504	676.31	−2 827.69
氨氮	1 033	67.63	−965.37

污染物名称	上轮规划环评批复总量	本轮规划环评控制总量	变化量
总磷	31.8	6.77	−25.03
总氮	—	202.89	—

11

规划方案综合论证和优化调整建议

规划方案的综合论证包括环境合理性论证和环境效益论证两部分内容。前者从规划实施对资源、生态、环境综合影响的角度,论证规划内容的合理性;后者从规划实施对区域经济、社会与环境发挥的作用,以及协调当前利益与长远利益之间关系的角度,论证规划方案的合理性。

11.1 规划目标与发展定位合理性

规划的发展目标和定位主要与研究区的规划产业相关。通过前文的环境影响预测与评价、资源与环境承载力评估的结论,结合规划重点产业的污染特点、环境准入条件及清洁生产水平情况分析产业定位的合理性。

在此类问题分析上,应该优先选择轻污染的行业,对主要产生水污染的行业关注当地的水环境容量及纳污水体的水环境功能、水环境质量现状,对主要产生废气污染的行业重点关注环境空气质量现状及大气环境容量、规划实施后对大气环境的影响是否可接受。

其次看规划产业是否具备一定的产业基础,能否发挥产业聚集效应,进一步延链、强链和补链。规划产业定位应有助于现有产业的优化升级,有助于研究区经济的高质量发展、绿色发展,甚至带动所在区域整体产业转型和发展。

以本次研究的化工产业园区为例,园区已初步形成化工新材料、医药两大产业板块。其中现有橡塑助剂和医药企业多处于行业领先水平,乃至国际龙头企业,具有非常良好的技术水平以及未来升级发展潜力。本轮规划园区产业定位充分利用了现有产业基础和载体资源,有助于提升现有产业集群,引导高端要素集聚,做精做强特色化工新材料产业、做绿做优医药大健康化学品产业。

此外,研究的化工产业园区本次的规划发展方向,也对现有企业产业调整和升级换代提出了要求。随着高标准严要求下的化工企业整治提升进程，在带动区域经济发展，改善当地居民生活条件的同时，也有利于区域发展和环境保护的统一协调。

11.2 基础设施的环境合理性

规划环评重点关注的基础设施通常包括供水、排水、供热、固废处理几个方面。化工园区作为能源消耗与污染物排放的集中区域，在污水排放、集中供热、固废/危废处置上尤其值得关注，具体来看，需要针对以下问题进行分析：园区集中污水处理厂的设计规模、处理工艺、配套管网建设情况能否满足园区现有及规划发展进程中的污水排放要求；涉及污水直排的企业对下游纳污水体的环境影响程度；评价范围内自建锅炉是否淘汰，现有集中供热能力及配套设施建设情况能否满足园区发展需求；集中供热企业能否实现污染物的稳定达标；危废配套处置能力能否满足园区及周边危废处置的需求；集中危废处置企业在收集、贮存、处置危废过程中有无明显环境隐患问题等。

以本次研究的化工产业园区为例，污水集中处理方面，计划对园区现有污水处理厂进行提标改造，确保尾水满足《化学工业水污染物排放标准》(DB 32/939—2020)一级标准的排放要求。根据水污染源预测分析结果，规划远期园区污水产生量未超出园区污水处理厂设计总处理量。污水处理厂设计从水量、水质、处理工艺角度考虑基本可行。集中供热方面，区内集中供热企业供热总规模为 265 t/h，另有 100 t/h 备用热源。在满足园区用热需求的同时，与城区供热管网互联互备，必要时可以相互补充。区域热源近、远期供热能力均能够满足园区供热需求。危废处置方面，本次研究的化工产业园区目前已有 5 家有危险废物经营许可证资质的处置单位，已建成危废处置能力15.23 万 t/a，其中危废焚烧处置能力 6 万 t/a，综合利用处置能力 9.23 万 t/a。规划区外东侧 2.5 km 处建有危险废物填埋场，目前处置能力为 4 万 t/a。园区规划危废处置能力能够满足园区及周边地区危险废物处置需求。

11.3 规划布局的环境合理性

根据环境影响预测与评价和资源与环境承载力评估结论，结合资源利用上线和环境质量底线等要求,论证规划规模的环境合理性。

对于工业区内部布局的合理性分析,首先看是否满足规划土地性质,是否分区建设、杜绝工居混杂,是否存在生态敏感区占据情况,工业用地与居住用地之间是否设置了一定的空间防护距离。其次结合污染源预测分析结果看功能分区大气污染物是否影响下风向敏感目标,噪声影响是否考虑居住区等因素。

本次研究的化工产业园区在市政府出具的用地性质、产业发展定位说明材料后,化工产业定位与布局符合要求。在与生态敏感区的位置关系上,本次研究的化工产业园区规划范围不涉及国家级生态保护红线、生态空间管控区域。园区规划依托现有企业基础,清退或转型发展相对落后、污染较重、产业聚焦不明显的工业企业,秉承产业集聚、用地集约的原则,有利于污染物集中控制以及企业间产业链的形成与完善,规划产业布局将减缓园区环境压力,推进园区与周边区域产城融合发展,产业布局合理。研究区以工业开发为主,区内不设居住用地。园区功能分区明确,相互之间能够保持有效衔接和产业联系,500 m防护距离内居民已经全部拆迁,园区现状基础设施配套完善,规划期按发展时序对基础设施进行提升改造,用地布局具有环境合理性。根据大气污染物排放预测结果,规划期内,研究区周边敏感目标(500 m外)大气污染物排放叠加现状能够达标。

综上,本次研究的化工产业园区本轮规划的总体布局与区域环境功能区划相协调,规划的产业布局、用地布局总体上基本具有环境合理性。

11.4 规划优化发展建议

化工园区是集中耗能排污的重点区域,同时也是国民经济绿色低碳转型的重要承载平台。化工园区的减污降碳协同治理既是挑战也是机遇,是园区高质量发展的内在要求,也是工业领域建设生态文明、打好污染防治攻坚战的重要抓手和途径。因此,在规划优化上必须立足于化工园区作为区域工业发展的主要经济形态和重要动力这一角色,结合区域产业基础和现状,加强周边产业联系,统筹区域生产力的布局,要做到规划超前、开发规范,以建设高起点、高标准化工园区。

在前文规划方案综合论证的基础上,分析判定规划实施的重大资源、生

态、环境制约的程度、范围、方式等,提出规划方案的优化调整建议并推荐环境可行的规划方案。主要分为以下几种情况:

(1)规划实施后无法达到环境目标、无法满足区域碳达峰要求,或与国土空间规划功能分区等冲突,应提出园区总体发展目标、功能定位的优化调整建议。

(2)规划布局与区域生态保护红线、产业园区空间布局管控要求不符,或对生态保护红线及产业园区内、外环境敏感区等产生重大不良生态环境影响,或产业布局及重大建设项目选址等产生的环境风险不可接受,应对产业园区布局、重大建设项目选址等提出优化调整建议。

(3)规划产业发展可能造成重大生态破坏、环境污染、环境风险、人群健康影响,或资源、生态、环境无法承载,或超标产业园区考虑区域污染防治和产业园区污染物削减后仍无法满足环境质量改善目标要求,或污染物排放、资源开发、能源利用、碳排放不符合产业园区污染物排放管控、环境风险防控、资源能源开发利用等管控要求,应对产业规模、产业结构、能源结构等提出优化调整建议。

(4)基础设施规划实施后,可能产生重大不良环境影响,或无法满足规划实施需求,难以有效实现产业园区污染集中治理的,应提出选址、规模、建设时序及处理工艺、排污口设置、提标改造、中水回用及配套管网建设等优化调整建议,或区域环境基础设施共建共享的建议。

(5)明确优化调整后的规划布局、规模、结构、建设时序等,并给出优化调整的图、表。

本书评价中,本次研究的化工产业园区本轮规划布局基本合理。为进一步减轻规划实施对区域环境的影响,结合环境保护目标、环境影响预测、环境风险分析等因素,建议规划区在如下几个方面进行调整:

1)产业规划调整建议

本轮规划产业定位打造现代化化工产业体系,重点发展两个主导产业,即特色化工新材料、医药大健康化学品。对照相关政策文件要求,园区主要短板及问题为产业链相对较短、非化工企业占比相对较高。本次研究的化工产业园区计划通过化工产业安全环保整治提升,逐步淘汰企业数量少且企业关联度不强的产业。针对现有不符合规划产业定位的非化工企业,近期可维持现状和技改提升,远期对于与规划产业定位不符的企业进行逐步搬迁或清退。

2）用地、布局规划调整建议

本次研究的化工产业园区已完成 500 m 防护距离内居民的拆迁工作,但在 500～1 000 m 范围内仍存在敏感目标分布。对照本轮规划,区内部分未开发地块规划布局为三类工业用地。考虑到化工园区的属性,不可避免地存在VOCs 排放和异味情况,环境较为敏感,为减少对周围居民生活的不利影响,建议距离居民区较近的未开发区域规划为生产研发中心,调为轻工业用地布局或增强绿化隔离带生态防护林建设。

对照部分上位规划,本次研究的化工产业园区本轮规划在用地上存在不一致情况,且后期开发建设将占据部分一般农用地。经管委会与相关部门的充分沟通,市自然资源和规划局出具了关于本次研究区用地情况的说明,将其纳入新一轮在编市国土空间总体规划的城镇开发边界和建设用地范围,并要求合法合规有序做好用地性质调整工作,调整到位之前,限制该区域开发建设。

3）环保基础设施规划调整建议

本次研究的化工产业园区单位工业增加值新鲜水耗偏高,整体中水回用率较低。建议规划增加园区中水回用设施,进一步提高园区污水处理厂和用水大户企业的尾水深度处理和资源化利用水平,建设中水回用设施和配套管网工程,提高中水回用率和水资源利用效率,减缓废水排放对山东河和新沂河水体的影响。

园区集中供热不稳定,锅炉烟气存在无法稳定达到超低排放标准的情况。通过引进超低排放技术项目对园区集中供热企业设施设备进行技术改造,脱硝工艺采用炉内脱硝和 SCR 脱硝双重工艺,确保氮氧化物稳定达到超低排放标准要求。为进一步提高园区企业用热稳定性和经济性,建议可适时引入园区外部供热能力作为补充备用,确保园区稳定集中供热。

4）环境保护规划调整建议

本次研究的化工产业园区位于所在地级市次主导风向上风向,不利气象条件下存在异味影响,且区域为环境空气不达标区,超标因子为 $PM_{2.5}$。建议进一步加快推动企业贯彻落实《挥发性有机物无组织排放控制标准》(GB 37822—2019),提升企业 VOCs 收集能力,提升园区企业 VOCs 治理效率。同时,依托园区智慧平台,完善 VOCs 监控管理体系建设,加强对 VOCs 废气的溯源跟踪能力。涉 VOCs 排放项目执行现役源 2 倍、关闭源 1.5 倍削减量替代;在无法落实总量削减途径的情况下,涉 VOCs 建设项目不得审批。

12

不良环境影响减缓对策措施与协同降碳

12.1 资源节约与碳减排措施

12.1.1 促进园区清洁发展

《省政府关于加快建立健全绿色低碳循环发展经济体系的实施意见》（苏政发〔2022〕8号）中提出：加快建设绿色制造体系，打造一批具有示范带动作用的绿色产品、绿色工厂、绿色园区。全面推行清洁生产，依法在重点行业实施强制性清洁生产审核，引导其他行业自觉自愿开展审核。对危险废物经营单位和年产生量100 t以上的危险废物产生单位应全面落实强制性清洁生产审核。

本次研究的化工产业园区依法在区内重点行业企业实施强制性清洁生产审核，引导区内其他企业自觉自愿开展审核。通过系统、工艺及设备节能提升能效，鼓励各企业推进节能降耗改造，未来新建项目尽可能选择水平先进、效率高、能耗较低的生产技术，采用高效节能单元工艺和设备等，提升煤炭、电力等能源利用效率，减少碳排放。以打造绿色化工园区为抓手，开展清洁生产技术改造和清洁生产审核，绿化生产模式。

为推进企业源头治理、减污降碳、协同增效，本次研究的化工产业园区在持续性推进企业清洁生产工作的基础上，积极申报了生态环境部"清洁生产审核创新试点园区"。从宏观（园区整体）、中观（企业间）、微观（重点行业和企业）三个角度出发，全力打造"清洁生产审核创新试点园区"。

12.1.2　发展园区循环经济

园区发展应以资源的高效利用和循环利用为核心,以"减量化、再利用、再循环"为原则,以"低消耗、低排放、高效率"为基本特征,最大限度地利用资源和保护环境。具体可从以下几方面入手:

(1) 提升传统产业,加快循环化改造。重点围绕规划领域,通过研发、引进高新技术和先进适用技术,加强关键技术攻关,加快科技成果转化,通过对优势产业集群的循环化改造,建立循环化产业链,推动产业向高端、高质、高效方向发展。围绕两条主导产业链向下游发展高端新材料和药物制剂,推进产业链整体深度和精度,增强产业关联度和耦合性。

(2) 聚焦资源利用,推进创建"无废园区"。为积极响应建设"无废城市"的目标要求,园区积极打造"无废园区"试点。借助智慧平台环保模块升级,搭建园区企业固废收集系统,全面梳理园区企业固废产生底数;通过引进江淮环保废盐处理项目,积极探索废盐无害化、资源化处理;建设危险废物集中收集"绿岛"项目,逐步实现区域内小量危险废物从产生、收集、贮存、转移到利用处置的全过程规范化管理。

(3) 加大中水回用力度,减少废水排放。本次研究的化工产业园区部分企业采取了中水回用、废水减排的措施。如园区污水处理厂中水回用工程,中水回用装置采用超滤+反渗透+MVR的组合处理工艺。回用水质近期满足《城市污水再生利用 城市杂用水水质》(GB/T 18920—2020),可作为污水厂内部用水和园区绿化及道路清扫杂用水;远期满足《工业循环冷却水处理设计规范》(GB 50050—2007)开式循环水系统循环水补水水质指标,规划作为园区企业循环水补水使用,通过中水回用管网供给园区企业。

12.1.3　碳减排对策和措施

1. 有序推动传统产业提质升级

《江苏省政府办公厅关于进一步推进工业用地提质增效的意见》(苏政办发〔2021〕103号)中提出:立足实体经济,完善低效工业用地再开发工作机制,通过产业更新、增容技改、综合整治等多种模式盘活存量低效用地。建立低效用地主动退出机制,引导存量工业用地多途径盘活利用,优先用于新产业发展。

本次研究的化工产业园区坚持以"绿色化、低碳化、循环化、无害化、清洁化"为总体方向,总体产业定位为以发展特色化工新材料产业和医药大健康化学品产业为主。通过化工产业安全环保整治提升,逐步淘汰企业数量少且企业关联度不强的产业,拟停产、关停企业后续不再复产。现有不符合规划产业定位的非化工企业,可维持现状或技改升级和环保提升,远期适时进行搬迁或关闭清退。

2. 加快转型升级,发展低碳产业

"十四五"期间,要紧紧牵住降碳这个"牛鼻子",以碳达峰、碳中和为引领,以减污降碳协同治理为抓手,以源头治理作为根本策略,坚持精准治污、科学治污、依法治污,深入打好污染防治攻坚战,统筹推进"提气降碳强生态,增水固土防风险",全面做强产业链、供应链,推动传统产业升级,壮大新兴产业规模,提升制造业产业能级,促进经济社会发展全面绿色转型,实现生态环境高水平保护与社会经济高质量发展协同并进。

推进协同减排和融合管控,积极探索温室气体排放与污染防治监管体系的有效衔接,强化治理目标的一致性和治理体系的协同性,在电力、化工等行业开展大气污染物和温室气体协同控制试点示范。将碳排放重点企业纳入污染源日常监管,推进碳排放报告、监测、核查制度与排污许可制度融合,促进企事业单位污染物和温室气体排放相关数据的统一采集、相互补充、交叉校核。

持续降低工业碳排放,严格控制电力、化工、纺织等重点高耗能行业和高排放企业温室气体排放总量,有效降低单位产品碳排放强度。积极推广低碳新工艺、新技术,支持采取原料替代、生产工艺改善、设备改进等措施减少工业过程碳排放强度。加强企业碳排放管理体系建设,强化从原料到产品的全过程碳排放管理。支持高排放、高耗能的园区开展碳排放专项评估,推动园区、企业实施低碳化改造。

本次研究的化工产业园区以特色化工新材料和医药大健康化学品产业培育壮大为发展重点,持续强化园区集约化管理,实现园区产业提质、安全规范、绿色生态的精益转型,增强园区综合实力和可持续发展能力。以循环经济理论为指导,实施绿色发展,产业链设计要以清洁原料、清洁工艺、清洁生产为理念,以资源节约、生产集约为目标,实现原料、中间体、产品、副产品互供共享,力争资源综合利用指标、污染物排放指标、综合能耗和水耗指标达到同期国内先进水平。

大力发展可再生能源,大力发展光伏发电产业,坚持集中式与分布式开发并举,因地制宜建设集中式光伏电站项目,大力支持分布式光伏,积极推进光伏建筑一体化建设,鼓励发展屋顶分布式光伏发电,推动光伏在交通、通信、数据中心等领域的多场景应用。

3. 完善基础设施,加快推进供热管网建设

全面加强园区地下综合管廊的统一规划、建设、管理,统筹电力、通讯、给排水、供热、燃气等地下管网建设,合理确定入廊管道。加强园区供水、供热、供气等资源能源保障和服务。推动园区废弃物处置低碳化。实施重点园区循环化改造,推进各种资源的再利用、再循环。推进强制性清洁生产审核。完善再生资源回收体系,实行一般固废分类回收。加强园区能源碳排放统计核算体系建设,建立园区能源碳排放监测平台。创新园区管理制度,强化全生命周期管理,探索实施新上项目碳评估制度。

4. 优化能源消费结构

以保障供给、优化布局、改善结构、增强网络为重点,构筑清洁、低碳、安全、高效的现代能源体系。推行园区煤炭消费总量控制,推进煤炭消费减量替代,逐步降低煤炭在能源消费结构中的比例。积极发展园区热电联产,加快热源和配套管网建设,形成以热电联产为主体、洁净能源为补充、供热管网"环网""联网"运行的城市供热体系。构建以管道天然气为主、瓶装液化石油气为补充的园区燃气体系。

本次研究的化工产业园区规划能源为天然气、电源等清洁能源,今后入园企业因工艺要求确需新增工业炉窑的,均以天然气或轻柴油(含硫率低于0.2%)等清洁燃料为能源。园区以"西气东输"天然气为主气源,以"川气东送""西气东输"二线和进口液化天然气(LNG)为辅助气源,形成多气源供气格局,保证供气安全。

本次研究的化工产业园区内现有17家企业建有锅炉和工业炉窑,其中5家采用电加热。除某纤维有限公司燃煤锅炉为争创"绿色标杆"企业进行提标改造,拟执行超低排放标准,其余沼气/燃气锅炉废气排放浓度执行《锅炉大气污染物排放标准》(DB 32/4385—2022)表1规定的大气污染物排放限值,工业炉窑执行《工业炉窑大气污染物排放标准》(DB 32/3728—2020)表1和表2中的标准。通过对区内现有锅炉排查,2家酒精企业因生产不正常,环保不能稳定达标,结合园区产业提升和环境综合整治方案,本轮规划将其列入关停计划。某硅化学股份有限公司焚烧炉助燃材料规划由柴油改为天然气。

5. 提升企业清洁生产水平

以园区清洁生产审核为契机,推动源头削减、生产全过程控制,提升资源、能源的利用率,构建企业间的产业共生网络和绿色供应链,加强资源和物料的循环利用和梯级利用,实现废物的减量化和资源化。针对园区整体,通过推行园区企业准入技术、优化园区产业布局等,建立优化的产业结构体系,解决管理和政策上的配套性问题,实现生产力的科学布局以及资源、能源的合理配置,从源头管控污染源;针对园区企业共生,通过企业间多级串联循环使用、副产品交换、废料循环利用、生产工业链、物质循环产业链、蒸汽-热水多级利用等合作,提升园区企业间的清洁生产潜力,实现废物资源化、循环化;针对园区重点行业和企业,主要通过能耗、物耗、废弃物排放等多项指标综合分析,筛选园区重点行业,考察重点行业中企业的管理、资源和能源消耗、污染物排放、废弃物管理等情况,通过综合评价等方法评价园区重点行业清洁生产水平,抓住重点行业环境核心问题,针对"水、气、固废"环境元素重点治理,利用共性技术提升重点行业清洁生产水平。

6. 坚决遏制"两高"低水平项目盲目发展

《关于加强高耗能、高排放建设项目生态环境源头防控的指导意见》(环环评〔2021〕45 号)中提出要建立"两高"建设项目管理台账,跟踪"两高"项目环评管理情况,组织修订一批"两高"行业项目环评审批原则或环境准入条件,严格环境准入。

园区应严格落实国家煤电、石化、煤化工等产能控制政策,提高企业入区门槛,严格控制高污染、高耗能、高排放企业入驻,优先引进单位面积土地产出高、资源能源利用效率高、污染物排放强度低的项目。

本次研究的化工产业园区对列入重点排查名单的企业,要求严格管理,制定详细的碳减排方案。

7. 积极建立园区零碳运营绩效评价体系

《江苏省"十四五"生态环境保护规划》中提出要深入开展低碳试点示范。深化国家和省级低碳城市、低碳城镇、低碳园区建设,研究制定碳达峰碳中和示范区建设指标体系和建设指南,支持有条件的城市、城镇、社区、园区、企业等积极开展碳达峰先行区、碳中和示范区创建,探索建设"碳中和"示范工程,建设一批"近零碳"园区和工厂,攻克一批低碳零碳负碳技术,加快形成符合我省特色的"零碳"发展模式。

设置零碳委员会,定期评估园区低碳绩效,确定改善方案;制定严格的园区低碳生产和入园标准,对生产型、能源型、废弃物处置型、生活型等不同类别项目分别实施碳管理,对高碳落后产能和企业进行强制性淘汰,对节能减排、低碳技术研发项目给予激励奖励;组织建立园区零碳运营绩效评价体系。

重点部署 CCUS+新能源、CCUS+氢能、CCUS+生物质能等前沿和储备性技术攻关。推动智慧能源物联网示范区建设,发挥智能电网技术的优势,创新推广综合能源服务模式。加快推进高新区"5G+智慧园区"建设,以云计算、大数据和 AI 能力为底座开展智慧园区运营管理平台、创新产业和招商服务平台、应急管理和指挥调度平台等专业园区信息化建设,提升产业数字科技对高新区经济发展的放大、叠加、倍增效应。

推行低碳采购;帮助园区企业开展碳盘查,识别低碳转型潜力,参与碳排放权交易,进行碳资产管理;引入第三方管理,如合同能源服务、环境托管服务;建立园区碳排放平台,实现减排效果的可测量、可报告、可核查(MRV)及可视化;打造园区零碳文化,组织园区零碳发展的宣传、交流和培训;提供共享服务。

8. 着力推进园区碳达峰试点

从"五个一"着力,推进园区碳达峰试点。园区碳达峰试点要从"五个一"着力:一是编制一套统一的工业园区碳排放核算指南,形成碳核算统计标准;二是绘制一张路线图,要做好园区物质代谢、能量代谢、水代谢、碳代谢及价值流分析,研究制定园区碳达峰路线图;三是搭建一个平台,园区搭建碳排放信息统计监测平台;四是制定一套分类方法体系,从绿色发展水平、经济规模、产业、碳排放等方面,对园区分级分类,从产业结构优化、生态产业链建设、能效提升、基础设施等方面明确重点;五是树立一批标杆,建成一批具有国际国内示范意义的碳达峰碳中和标杆园区。园区在未来将着力推进碳达峰试点。

12.2　生态环境保护与污染防治对策和措施

12.2.1　大气污染防治对策和措施

12.2.1.1　集中供热设施废气治理

本次研究的化工产业园区供热气源由集中供热公司提供,现状规模为一期 2 台 50 t/h 的低温低压煤粉锅炉和二期 2 台 50 t/h 的高温次高压煤粉锅炉。一期项目(2 台 50 t/h 锅炉)锅炉废气采用"SCR 脱硝＋布袋除尘＋氨法脱硫"工艺处理后通过 50 m 高烟囱排放。二期项目(2 台 50 t/h 锅炉)锅炉废气采用"SCR 脱硝＋布袋除尘＋湿式电除尘＋氨法脱硫"处理后通过 50 m 高烟囱排放。二期 2 台锅炉已通过烟气超低排放改造验收,但在线监测数据显示尚未做到 100％稳定达标。一期锅炉于 2016 年验收,排放浓度满足《锅炉大气污染物排放标准》(GB 13271—2014)表 2 的限制要求。根据供热规划,集中供热公司近期拟进行上大压小热电联产扩建,上 1 台 165 t/h 高温超高压煤粉锅炉,替代一期 2 台 50 t/h 低压燃煤锅炉供热。为创建"绿色标杆"企业,应执行最严格的排放标准,新增供热能力的同时对全厂燃煤锅炉进行"超超低"改造。

12.2.1.2　VOCs 与恶臭污染控制

1. 总体要求

首先应遵循"源头控制、循环利用、综合治理、稳定达标、总量控制、持续改进"的原则把挥发性有机物、恶臭污染控制作为建设项目环境影响评价的重要内容,明确污染物种类、产生量和排放总量,加强工艺与装备先进性评价,优先采用密封性较好的工艺设备。

2. 挥发性有机污染物控制

(1) 大力推进源头控制:园区内企业要推广使用低(无)VOCs 含量、低反应活性的原辅材料,加快对芳香烃、含卤素有机化合物的绿色替代,从源头减少 VOCs 产生。

(2) 全面加强无组织排放控制:园区内企业应重点对含 VOCs 物料(包括含 VOCs 原辅材料、含 VOCs 产品、含 VOCs 废料以及有机聚合物材料等)储存、转移和输送、设备与管线组件泄漏、敞开液面逸散以及工艺过程等五类排放源实施管控,通过采取设备与场所密闭、工艺改进、废气有效收集等措施,削减 VOCs 无组织排放。

设备与场所密闭方面,含 VOCs 物料储存应采用密闭容器、包装袋,高效密封储罐,封闭式储库、料仓等;含 VOCs 物料转移和输送,应采用密闭管道或密闭容器、罐车等;高 VOCs 含量废水的集输、储存和处理过程,应加盖密闭;含 VOCs 物料生产和使用过程,应采取有效收集措施或在密闭空间中操作。

工艺方面应推进使用先进生产工艺,通过采用全密闭、连续化、自动化等生产技术,以及高效工艺与设备等,减少工艺过程无组织排放。挥发性有机液体装载优先采用底部装载方式。重点推进使用低(无)泄漏的泵、压缩机、过滤机、离心机、干燥设备等,推广采用油品在线调和技术、密闭式循环水冷却系统等。

废气收集方面应进一步提高废气收集率,遵循"应收尽收、分质收集"的原则,科学设计废气收集系统,将无组织排放转变为有组织排放进行控制。

区内化工企业应全部开展泄漏检测与修复(LDAR),完成排放源整治工作,化工企业 VOCs 总收集、净化处理率不低于 90%。重点企业建立 LDAR 管理系统。

(3)合理选择治理措施:企业新建治污设施或对现有治污设施实施改造,应依据排放废气的浓度、组分、风量、温度、湿度、压力,以及生产工况等,合理选择治理技术。鼓励企业采用多种技术的组合工艺,提高 VOCs 治理效率。

低浓度、大风量废气,宜采用沸石转轮吸附、活性炭吸附、减风增浓等浓缩技术,提高 VOCs 浓度后净化处理;高浓度废气,优先进行溶剂回收,难以回收的,宜采用高温焚烧、催化燃烧等技术。低温等离子体、光催化、光氧化技术主要适用于恶臭异味等治理;生物法主要适用于低浓度 VOCs 废气治理和恶臭异味治理。非水溶性的 VOCs 废气禁止采用水或水溶液喷淋吸收处理。采用一次性活性炭吸附技术的,应定期更换活性炭,废旧活性炭应再生或处理处置。

(4)实施精细化管控措施:实施"一企一策"制度,企业应编制切实可行的污染治理方案,明确原辅材料替代、工艺改进、无组织排放管控、废气收集、治污设施建设等全过程减排要求。企业应加强运行管理,系统梳理 VOCs 排放主要环节和工序,包括启停机、检维修作业等,制定具体操作规程,落实到具体责任人,健全内部考核制度,加强人员能力培训和技术交流。建立管理台账,记录企业生产和治污设施运行的关键参数,在线监控参数要确保能够实时调取,相关台账记录至少保存三年。

(5)实施区域削减措施:园区全面开展 VOCs 综合整治工作,区内企业广泛开展 VOCs 收集与治理优化升级改造方案论证,将无组织排放转化为有组织收集,应收尽收、应治尽治,大幅削减 VOCs 排放量。严格按照"人不接触物料、物料不接触空气"的标准,要求企业在生产装备、生产工艺升级上多下功夫,从根本上解决企业 VOCs 无组织排放问题,全力做到"气味不出厂界、园区边界无异味"。

3. 恶臭气体污染治理控制

严格限制排放恶臭气体的项目的引进,考虑到风向及周围敏感点布局,建议选址在园区北侧,远离居民点。区内产生恶臭的企业应采取密闭生产、管线收集、处理装置加盖等措施,将无组织恶臭排放面源转化为有组织排放源,实施集中处理后排放。此外,企业必须严格控制恶臭污染物不超过环评核定的排放总量,并且必须做到厂界臭气浓度达标。

控制末端恶臭气体排放的方法有很多,为达到最佳去除效果,往往需要采用组合工艺。常用臭气处理工艺对比见表 12.2.1。

表 12.2.1　常用臭气处理工艺一览表

工艺类型	脱臭效率	投资	运行费用	运行管理	二次污染	占地面积	应用
生物法	高	较高	低	简单方便	无	大	中低浓度污染
化学洗涤法	高	高	高	投加量难控制	中等	小	中高浓度污染
吸附法	高	中	高	频繁更换填料	高	中	低浓度污染
臭氧法	中	中	中	难控制,残余臭氧分解费用高	高	小	中低浓度污染
掩蔽剂法	低	低	高	持续控制难度大	低	无	中低浓度污染
焚烧法	中	高	高	复杂	高	大	重污染

园区内某纤维有限公司为黏胶纤维制造企业,生产过程中产生的硫化氢和二硫化碳属于恶臭气体,且排放量较大,须加强收集处理效率,本评价要求严格按《恶臭污染物排放标准(征求意见稿)》进行设计整改,确保与新标准的衔接过渡。

涉及氨排放的企业要求立行立改,将所涉及的恶臭因子列入每季度例行监测计划,为进一步加大管理力度,要求 2025 年底前安装恶臭排放在线监测系统,并与园区智慧平台实现数据共享。

此外,在园区主导风向的下风向最近敏感点处设置了 1 处恶臭微型空气站,便于园区异味管控。

12.2.1.3　重金属污染控制

严格执行国家、省、市产业政策,严格限制新建排放重金属污染物的项目,强化总量控制要求。新、改、扩建涉重金属重点行业建设项目必须遵循重点重金属污染物排放"减量置换"或"等量替换"的原则实现总量平衡。

开展涉重企业强制性清洁生产审核,推进先进生产技术和集中治污技术的运用,提升涉重企业治污水平,有效削减重金属污染物排放,促进涉重废弃物的减量化和循环利用。园区产业升级明确压减涉重企业,近期关闭退出某蓄电池制造有限公司,远期对某电池有限公司实施搬迁。

12.2.1.4 酸、碱性气体污染控制

园区范围内产品生产过程中会产生氯化氢、硫酸、氯气、硝酸等酸性气体,可采用二级碱喷淋塔进行处理。碱液喷淋塔又称为酸雾处理塔,具有净化效率高、结构紧凑、占地面积小、耐腐蚀、耐老化性能好、重量轻,便于安装、运输及维修管理等特点。

根据现状监测,目前园区内氯化氢、氯气两项因子占标率较高,而相应环境空气质量标准相对较低,必须对涉及氯化氢、氯气排放的项目严格控制总量,并且要求清洁生产水平达到一级。

另外,园区范围内产品生产过程中会产生氨气等碱性废气,可采用二级水吸收塔进行处理。

12.2.1.5 烟(粉)尘污染防治

本次研究的化工产业园区所在地区现状为大气环境不达标区,PM$_{2.5}$现状超标,园区须以区域大气环境质量达标为前提,严格控制粉尘排放量大的项目入区;新、改、扩建项目烟(粉)尘须执行 2 倍削减;在无法落实总量削减途径的情况下,项目不得审批。

粉尘类废气应采用布袋除尘、静电除尘或以布袋除尘为核心的组合工艺处理;对散逸粉尘的设备应采取密闭、隔离和负压操作措施。

切实加强已(在)建项目工业粉尘污染防治措施的落实,提高收集效率和除尘效率。

12.2.2 水污染防治对策和措施

12.2.2.1 完善废水收集系统

本次研究的化工产业园区做到了"清污分流、雨污分流"。区内各企业产

生的污水(以化工废水为主)具有废水水质复杂、水量波动较大等特点,入区企业对高低毒性废水分类收集,对高毒性废水进行芬顿氧化、催化氧化等物化预处理,预处理后与低毒性废水一起处理达接管标准后采用"一企一管"压力输送到集水点,除两家直接排放企业外,其余企业均接管排入管网。

集水点处设置在线监控装置、视频监控系统和自动阀门。满足接管标准的废水经提升泵通过专用管道输送至园区污水处理厂。

12.2.2.2 加强污水处理厂进出水监控

加强园区污水处理厂上游企业来水的监督监测工作,强化污水处理厂调节池功效和物化预处理效果,确保企业废水达标接管,确保出水达标排放。

本次研究的化工产业园区污水处理厂已设置容积 1 万 m^3 的事故应急池及回流管道,并安装视频监控,关键设备(风机、水泵等)设置工况监控,总排口安装了在线监控装置、视频监控系统和自动阀门并与环保部门联网。

园区集中污水处理设施运营单位及环保管理部门,应对集中污水处理设施尾水的特征污染因子进行定期监测;无监测技术能力的,应委托有资质监测机构进行定期监测,对尾水进行把关,确保废水达标排放。对处理后的尾水进行组分分析、毒性评价与监控。

12.2.2.3 企业内部废水管理

本次研究的化工产业园区内企业已做到"清污分流、雨污分流",清下水(雨)排放口按规范设置并达到应急防范措施要求,确保各类废水得到有效收集和处理。建设应急事故水池,容量满足初期雨水、消防水收集需求,初期雨水、消防水排入污水管网。鼓励企业实施清洁生产、采用先进生产工艺,减少废水污染物排放。

各企业针对自身废水特点,遵循分质处理的原则对厂内废水进行预处理后再排入园区污水管网,确保接管废水达到园区污水处理厂接管标准。

产生影响污水处理效果的高氨氮、高磷、高盐分、高毒害、高热、高浓度难降解废水的企业,推动其进行工艺绿色化升级改造,或升级废水处理工艺与装置,进行有效处理。生产废液按照固体废物集中处置,不得混入废水稀释排入污水管网;严禁将高浓度废水稀释排放。

区内化工企业生产废水普遍盐分较高,必须严格控制进水的含盐量,对含盐量高的废水需经充分预处理去除大部分盐分后方可接管,确保不影响污水处理厂的正常运行。

对含重金属及其他有毒、有害污染物及《污水综合排放标准》(GB 8978—1996)中规定的第一类污染物的废水必须严格控制,企业内部处理至排放标准后方可接管排入园区污水处理厂。

加强对区内工业企业废水排放的监管,积极推动其工艺废水的深度处理与回用,进一步削减污染物排放量。废水排放企业应全部安装在线自动监测装置,对污水排放口要严格管理,一个企业原则上只能设一个排污口。

园区和企业已建立废水特征污染物名录库,加强企业预处理确保满足接管标准,并定期对特征污染物名录库中的因子进行监测。

区内所有工业企业的污水、雨水(清下水)排口应按《环境保护图形标志——排放口(源)》(GB/T 15562.1—1995)、《排污口规范化整治技术要求(试行)》(环监〔1996〕470 号)和《江苏省排污口设置及规范化整治管理办法》(苏环控〔1997〕122 号)的要求设置标识环保图形,安装流量计,并预留采样监测位点。严格企业内清下水管理要求,企业清下水排口必须安装在线监测系统和由监管部门控制的自动排放阀,清下水必须经监测达标后方可排放。

12.2.2.4　废水综合利用与节水措施

优化区域水资源配置方案,提升企业节水能力和水平。提倡与推行节水措施,积极探索中水回用途径,回用水用于工业洗涤、冷却用水等,以有效减少用排水量。鼓励企业使用节水新技术、新工艺和新设备,新建、扩建和改建项目需制定节水方案,节水设施与建设项目主体工程同时设计、同时施工、同时投入使用,持续降低单位产品的水耗,提高各企业内部和企业之间的工业用水重复利用率,减少区域新鲜水消耗量。根据生产用水对水质的要求不同,采用合理有效的循环水系统,采取以清补浊、逆流清洗、重复使用或一水多用的方式,减少水的消耗量。生产过程中蒸汽间接加热产生的冷凝水全部回用于生产过程中,循环冷却水循环使用。

本次研究的化工产业园区内的废水排放大户为直接排放企业 2,其生产废水主要包括循环冷却水排水、酸碱废水、锅炉排污水、脱硫废水等。其中脱硫废水经处理后回用于冲渣工段,不外排;循环冷却水排水部分回用于煤场喷洒降尘,部分回用于脱硫系统用水;锅炉排污水回用于冷却塔补充水;酸碱废水经中和池处理后接管排入厂区污水处理厂,尾水经处理达到相应标准后依托直接排放企业2现有排放口排入纳污河流。

12.2.3　噪声污染防治对策和措施

本次研究的化工产业园区内规划建设用地基本都是三类工业用地,未设置居住用地、娱乐场所、商场、餐饮等第三产业用地,因此,声环境保护的重点针对工业噪声进行。

对新建、改建和扩建的项目,需按国家有关建设项目声环境保护管理的规定执行。建设项目在做环境影响评价工作时,对项目可能产生的噪声污染,采用隔声、吸声和消声等措施,以降低其源强,减少对周围环境的影响。工业企业在总图布置上应充分考虑高噪声设备的影响,合理布局,保证厂界噪声达标。建设项目投入生产前,噪声污染防治设施须经生态环境部门检验合格。

向周围生活环境排放工业噪声的,要按有关规定,到生态环境部门办理申报登记手续,登记排放高噪声设施、处理设施、噪声源种类及数量、噪声强度等情况。在噪声源情况有较大改变时,也要及时进行申报。向周围环境排放噪声的企事业单位,执行国家规定的环境噪声厂界排放标准。对排放噪声超标的,或造成严重噪声污染的单位,要进行限期治理。合理布局区内的企业,使噪声源相对分散且远离噪声敏感区,避免造成噪声污染。

做好道路两侧的绿化,利用绿化带对噪声的散射和吸收作用,加大交通噪声的衰减,以达到阻隔削减噪声的目的。

12.2.4　固废污染防治对策和措施

本次研究的化工产业园区固体废物污染控制目标为:生活垃圾清运率100%,无害化处理率100%;一般工业固体废物处理处置率100%,危险废物处理处置率100%。

1. 固体废物收集系统

1) 一般工业固废

一般工业固废应视其性质由业主进行分类收集,以便综合利用,参照同期同类垃圾的利用技术进行处理,可由获利方承担收集和转运,也可参考家庭垃圾的收集。

2）危险废物

首先要尽可能减少危险废物的体积，并将其放置于特定容器内，密封保存。应建立专用贮存槽或仓库以避免外泄造成严重后果，严禁随意堆放和扩散，禁止将其与非有害固体废物混杂堆放。应由专业人员操作，单独收集和贮存，并由专业人员和专用交通工具进行运输。按照污染物集中治理的理念，园区拟建设危险废物集中收集"绿岛"项目，由有资质单位统一收集、运输、贮存。

3）生活垃圾收集

全部实施垃圾分类袋装化，根据垃圾的可否再生利用、处理难易程度等特点，由工作人员事先进行分类装袋。在厂区、办公区设置分类垃圾收集点和特定集装箱，进行分类收集。

2. 工业固废的管理与处置

园区内企业产生的工业固体废物包括一般工业固废和危险废物，视其性质进行分类收集、分类处理及综合利用。具体处理方法如下：

1）一般工业固废

一般工业固废主要采用综合利用和安全处置的方式进行处理。对本园区可能出现的各种主要无害工业固废的处置途径作如下建议：一般工业边角料、溶剂、废弃包装材料等按循环经济原则和理念尽可能在厂内回收利用，或送原料生产厂家进行加工、提纯处理；废包装材料送回厂家综合处理。

2）危险废物

对本园区产生的危险固废，须根据实际情况，送有资质单位集中处置，并优先选择区内危废处置单位，在具体项目审批时落实危险废物的安全处置协议。经调查，本次研究的化工产业园区内现有某危废焚烧处置设施（2 万 t/a）、某固废焚烧处置设施（4 万 t/a）及毗邻的某危废填埋场（4 万 t/a），可消化区内将近一半的危废量。此外，园区近期还将建设废盐资源化利用项目（规模1.6 万 t/a）、某化工协同处置危废项目（6 万 t/a）、某危废焚烧处理系统（2.1 万 t/a），有利于进一步提升废物就地处置能力。

对转送往外地厂家处置的危险废物应进行跟踪监督，建立完善的跟踪手续和帐目，确保转送的危险废物得到安全处置。

同时还要进行必要的宣传教育，提高企业对危险废物危害性的认识和对危险废物的识别能力。努力提高危险废物的回收利用率，最大可能地减少其产生量。

加强企业内部对危险废物的管理,强化危险废物的申报登记制度,建立危险废物产生、外运、处置及最终去向的详细台账。

危险废物厂内暂存期间严禁随意堆放,应按废物的形态、化学性质和危害等进行分类堆放、管理,堆放场地应做好防渗处理,必要时应放置在特制容器内,以免废物滤液渗出污染地下水源和周围土壤,并由专人收集、清运,外运过程要防止抛洒泄漏。

12.2.5　地下水、土壤环境影响减缓措施

(1) 要求园区内相关废气治理措施正常运行,提高废气去除效率,减少废气排放,减缓废气污染物沉降对土壤的影响,以及由此对地下水造成的影响。

(2) 要求园区内各类废水池预留一定的高度,对罐区、装置设置围堰或导流沟,避免废水漫流至裸露地面下渗污染土壤和地下水。

(3) 要求园区企业做好分区防渗,加强源头控制。企业内各生产装置、贮运工程、公辅工程、环保工程等按照《石油化工工程防渗技术规范》(GB/T 50934—2013)、《一般工业固体废物贮存和填埋污染控制标准》(GB 18599—2020)、《危险废物贮存污染控制标准》(GB 18597—2001)(2013 年修订)和《危险废物填埋污染控制标准》(GB 18598—2019)等标准的要求进行分区防渗,避免污染物下渗现象。

(4) 加强土壤和地下水环境监管能力建设。贯彻执行土壤污染防治的法律、法规、标准,将土壤环境质量监测纳入常规监测项目,着力推进土壤环境监测标准化建设,配套完善土壤环境监测人才、设备及检测仪器,加强对重点场地使用功能置换全过程监测和跟踪监测。

建议园区结合土壤污染,重点监管单位企业的地下水自行监测工作及其他地下水相关工作,进一步进行地下水污染隐患排查工作,并对发现的问题进行及时整改。建议园区建立长期地下水环境监测制度。鉴于园区地下水存在常规指标超标情况,建议加强地下水管理,严禁开采使用该区域的地下水,并对区内超标点位进行地下水的长期跟踪监测,持续关注各污染物浓度变化趋势,以便及时发现问题、采取措施,同时做好地下水监测井的定期维护。

(5) 加强土壤环境保护队伍建设,把土壤环境质量监测纳入环境监测预警体系建设中,制定土壤污染事故应急处理处置预案。完善企业搬迁场地风

险评估信息服务平台和重点区域场地功能置换登记制度建设,明确污染场地风险评估责任主体与技术要求,加强对重点土地功能置换过程中的环境风险防范能力建设,防止风险评估后产生的二次污染。

建设用地污染风险重点管控区内关闭搬迁、拟变更土地利用方式和土地使用权人的重点行业企业用地,由土地使用权人负责开展土壤污染状况调查评估。暂不开发利用或现阶段不具备治理与修复条件的污染地块,实施以防止污染扩散为目的的风险管控。已污染地块,应当依法开展土壤污染状况调查、治理与修复,符合相应规划用地土壤环境质量要求后,方可进入用地程序。

(6)科学进行环境风险评估。对已关停和拟关停化工企业应当在土地出让或项目批准核准前完成场地环境调查和风险评估工作,并按照《工矿用地土壤环境管理办法(试行)》(生态环境部令第 3 号,2018 年 8 月 1 日起实施)、《污染地块土壤环境管理办法(试行)》(环境保护部令第 42 号,2017 年 7 月 1 日起实施)、《关于加强工业企业关停、搬迁及原址场地再开发利用过程中污染防治工作的通知》(环发〔2014〕66 号)等要求办理,以保障工业企业场地再开发利用的环境安全。

在工业企业场地环境调查基础上,需进行风险评估的,污染责任人或场地使用权人应委托专业机构开展污染场地风险评估工作。受委托的单位按规范编制《污染场地土壤及地下水污染风险评估报告》,明确场地是否需要进行修复治理。环境调查和风险评估报告经专家评审论证后,报生态环境主管部门备案。

(7)园区应严格管理污染源,强化土壤污染预防工作。防范企业拆除活动污染土壤。企业拆除生产设施设备、构筑物、地下管线和污染治理设施时,要事先制定残留污染物清理和安全处置方案,并报所在地县级环保、经济和信息化部门备案。现有入区企业要采用新技术、新工艺,加快提标升级改造步伐。

重点单位新、改、扩建项目用地应当符合国家或者地方有关建设用地土壤污染风险管控标准;重点单位建设涉及有毒有害物质的生产装置、储罐和管道,或者建设污水处理池、应急池等存在土壤污染风险的设施,应当按照国家有关标准和规范的要求,设计、建设和安装有关防腐蚀、防泄漏设施和泄漏监测装置,防止有毒有害物质污染土壤和地下水;重点单位现有地下储罐储存有毒有害物质的,应当将地下储罐的信息报所在地设区的市级生态环境主管部门备案;新、改、扩建项目地下储罐储存有毒有害物质的,应当在项目投入生产或者使用之前,将地下储罐的信息报所在地设区的市级生态环境主管部门备案。

重点单位应当建立土壤和地下水污染隐患排查治理制度,定期对重点区域、重点设施开展隐患排查。发现污染隐患的,应当制定整改方案,及时采取技术、管理措施消除隐患。隐患排查、治理情况应当如实记录并建立档案。

重点单位应当按照相关技术规范要求,自行或者委托第三方定期开展土壤和地下水监测,重点监测存在污染隐患的区域和设施周边的土壤、地下水,并按照规定公开相关信息。

重点单位在隐患排查、监测等活动中发现工矿用地土壤和地下水存在污染迹象的,应当排查污染源,查明污染原因,采取措施防止新增污染,并参照污染地块土壤环境管理有关规定及时开展土壤和地下水环境调查与风险评估工作,根据调查与风险评估结果采取风险管控或者治理与修复等措施。

重点单位拆除涉及有毒有害物质的生产设施设备、构筑物和污染治理设施的,应当按照有关规定,事先制定企业拆除活动污染防治方案,并在拆除活动前十五个工作日报所在地县级生态环境、工业和信息化主管部门备案。

重点单位拆除活动应当严格按照有关规定实施残留物料和污染物、污染设备和设施的安全处理处置,防范拆除活动污染土壤和地下水。并做好拆除活动相关记录,拆除活动相关记录应当长期保存。

重点单位突发环境事件造成或者可能造成土壤和地下水污染的,应当采取应急措施避免或者减少土壤和地下水污染;应急处置结束后,应当立即组织开展环境影响和损害评估工作,评估认为需要开展治理与修复的,应当制定并落实污染土壤和地下水治理与修复方案。

重点单位终止生产经营活动前,应当参照污染地块土壤环境管理有关规定,开展土壤和地下水环境初步调查,编制调查报告,及时上传全国污染地块土壤环境管理信息系统。

实施重金属污染物总量控制,将园区化工企业作为重点防控区开展专项治理;定期对排放重金属、有机污染物的企业及周边土壤进行监测,造成污染的要限期予以治理;加强搬迁企业用地土壤污染治理,禁止未经评估和达不到治理修复标准的污染场地进行土地流转和二次开发。

12.2.6 生态影响减缓措施

12.2.6.1 设置500 m防护距离

本次研究的化工产业园区外部按照有关化工园区环境保护管理要求,须设置500 m环境防护距离,该范围内禁止建设学校、医院、居住区等环境敏感目标。目前在园区边界外500 m防护距离内无居住区、学校等环境敏感目标,规划也不再建设居住区、学校等环境敏感目标。

12.2.6.2 绿地建设规划

为形成高水平的绿地系统和高质量的生态环境,提出以下绿地系统建设方案:

1. 防护绿地

本次研究的化工产业园区防护绿地包括边界绿化带、园区内水系、道路两侧等防护绿化廊道。其中,园区内部河流设置10～20 m宽的防护绿地,沿扬子路、大庆路、燕山路、水仙路、高压线两侧设置15 m宽的绿化带。变电站、污水处理设施等公用设施按照其防护要求设置防护绿地。

同时,在区内工厂间、厂房间建设绿化隔离带,充分利用工厂、生产建筑用地内部边角空地进行建设。在树种的选择上,根据企业生产性质的不同区别对待。在排放有害气体的车间附近,为保证空气流通,以相对低矮的绿篱、草坪和花坛为主;在排放烟尘、粉尘的车间附近,可考虑枝叶茂盛、叶面粗糙的乔木和灌木,并在周围铺设草坪、花坛,减少地面扬尘;危险性厂房及公用设施的绿化带应留出一定的净空,保证与外界的畅通。

2. 物种配置

绿化物种根据本地的气候特点、物种优势、绿地功能、养护管理条件等因地制宜进行选择。公共斑块绿地设计中,采用乔、灌木和草地搭配,充分发挥不同植物在形体、姿态、色彩等多方面的特点,使绿地具有较高的观赏功能。

沿河生态绿地廊道以混交密林方式布设,以乔木为主,适当混交一些灌木和草本植物,树种选择以香樟、榉树、栾树、柳树、水杉等为主,河畔应辅以芦苇、蒲草、荻草、茅草等野生湿生植物形成生态适宜小环境。

沿路绿化可选用梧桐、香樟、银杏、棕榈、广玉兰、女贞、合欢、紫薇、月季等乔木和灌木,并辅以草皮,以起到遮阳、隔声、吸尘、美化等效果。

绿化隔离带应根据隔离功能选择树种,一般工业区与其他功能用地间的隔离带应选用抗污染能力强的树种,详见表 12.2.2。

表 12.2.2 对大气污染物具有抗性的树种一览表

编号	污染物	抗性树种
1	二氧化硫	罗汉松、侧柏、大叶黄杨、女贞、厚皮香、广玉兰、臭椿、刺槐、青桐、槐树、紫薇、鹅掌楸、龙柏、白榆、华山松、腊梅等
2	氯化氢	龙柏、大叶黄杨、小叶女贞、罗汉松、臭椿、枫树、白榆、垂柳等
3	氨气	无花果、女贞、樟树、腊梅、银杏、杉木、石榴、广玉兰等
4	烟尘	法国梧桐、女贞、广玉兰、泡桐、桑树、榆树、无花果、侧柏、刺槐、龙柏、白杨等

12.2.6.3 低碳生态建设

积极采取碳平衡改善措施,通过优化能源结构、推广绿色建筑、发展绿色交通、提倡低碳生活方式等措施减少碳排,通过保障生态用地、增加绿量等方式增加碳汇,改善园区碳平衡。

全面保护园区内现有主要河流水系格局,严禁填塞主要河道。主要河道两侧规划不小于 10 m 的防护绿带,恢复河道缓冲带。

13

园区环境管理与环境准入

13.1 环境管理方案

13.1.1 完善环境管理体系

环境管理体系涉及的内容包括：园区发展规划的制定、基础设施建设、进区项目的审批、环境目标制定、清洁生产、税收，以及对企业各项环境管理、环境监督活动等。

针对本次研究的化工产业园区存在的主要环境问题，具体可从以下几方面完善环境管理体系：

（1）完善生态环境管理办法。建议园区根据国家和江苏省现行的生态环境法律法规、政策、制度，结合园区实际情况及未来发展规划，进一步完善适合园区发展的生态环境管理办法，对入区项目提出严格限制要求，规范企业在保护环境、防治污染等方面的行为。

（2）实行严格的项目审批制度。制定相应的项目审批、审核制度，在引进项目时，严格遵循"三线一单"的原则，注意产品和生产工艺的科技含量和其对环境的影响，鼓励符合区域产业链要求和符合循环经济原则的生态型项目。对不符合国家产业政策和区域产业发展方向的项目一律不引进，实行项目环保"一票否决"制。

（3）严格执行环境影响评价、"三同时"、排污收费、排污许可证、污染物集中处理、环保目标责任制等环保管理规章制度。对企业的"三废"排放"双达标"实行严格的控制和监督。

（4）制定环保奖惩制度。鼓励清洁生产，限制和规范企业的环境行为。

对于重视环境管理、节能降耗、减少污染物排放、污染治理效果好等利于环境改善的企业,采取一定的奖励措施,对环保观念淡薄、浪费能源与资源的企业则予以重罚。总结区内环境管理优秀的企业经验,给予奖励,并在区内积极推广。

(5) 进一步强化重点污染源监管。对于园区重污染企业,在园区生态部门和其他相关职能部门的监督指导下,拟定风险管理计划和方法,落实防范措施。进行企业环境风险评价,确定事故发生可能影响的最大距离范围,划分合适的缓冲区,在企业内部建立应急系统,编制突发事件应急预案,做好突发事故的应急准备工作。加强风险处理培训,定期开展应急演练,提高全员风险意识和安全防范技能。加大重点污染源监督性检查和监测频次。充分利用现有自动监控平台和监控中心及在建的智慧管理综合平台,对重点企业进行信息化和自动化监管,并实现大数据管理模式。

13.1.2 健全环境管理机构

本次研究的化工产业园区已建立了环境管理机构——园区生态环境监管中心,主要负责园区日常的环境保护与日常监督管理工作。园区现有企业已设置了环保科室,负责企业的污染防治、日常环境管理工作。为确保园区开发建设与当地环境保护的协调发展,应从以下几方面进一步健全园区和企业环境管理机构:

(1) 配齐必要的人员和必需的环境监测、监察等装备和设备。

(2) 生态环境保护机构人员应具备环保相关专业知识。

(3) 进区企业在项目施工期间应设一名专职或兼职环保人员,负责建设期环保工作;项目建成投产后,应设立环保科室,配备专职环保人员,并在各车间设立环保联络员,负责全厂的环境管理、环境监测和事故应急处理工作,并随时同上级环保部门联系,定时汇报情况。区内企业应有明确的环保管理部门和完备的环境管理制度。

(4) 园区环境管理机构应加强对区内企业环保法律法规的宣传教育,不断提高企业环保意识,提升企业和园区环境管理水平。

(5) 园区环境管理机构应定期向社会发布园区环境质量状况,公布经调查核实后的环境信访、投诉案件及其处理结果和园区发生的突发环境事件的相关信息和处置情况。

（6）园区环境管理机构应向社会公开环境污染举报电话，充分发挥广播、电视、报刊及网络等媒体的监督作用。

（7）园区环境管理机构可聘请社会监督员，设立公众开放日，广泛动员全社会积极参与并监督园区环保工作。

13.1.3　信息公开与公众参与

信息公开与公众参与是在企业、政府、公众之间就环境问题建立友好伙伴关系的重要环境管理手段。园区应定时（如年度）编制园区环境状况报告书，通过各种媒体和多种形式及时将区内环境信息向社会公布，充分尊重公众的环境知情权，鼓励公众参与、监督园区的环境管理。

在实施信息公开的基础上，提高公众环境意识，收集公众对园区环境、企业环境行为等各方面的反馈意见，在环境管理、政策制定时重视公众的意见和要求，保证园区走可持续发展的道路。

在加强环保队伍建设的同时，应加强对园区及周边公众的环境教育，通过开展专家讲座、环境专题报告和外出参观等多种形式的环境教育方式，普及环保知识，提高园区及周边公众的环境保护意识。

13.1.4　建立 ISO14000 体系

环境管理体系标准以强调"污染预防和持续改进"的思想为原则，要求企业消除或减少污染，降低资源、能源消耗，用产品"生命周期"的全过程分析和控制等先进的思想和手段改造企业的管理模式，推动企业的科学管理和清洁生产，使企业形成一套程序化的、不断自我完善的环境管理机制。

企业实施环境管理体系，对改善企业的环境管理状况、降低产品成本、提高产品市场竞争力、规避环境风险、改善公众形象，具有重要的作用。

13.1.5　引进清洁生产审计制度

提倡进区企业实施清洁生产审计制度。企业实施清洁生产审计旨在通过对污染来源、废物产生原因及其整体解决方案的系统分析，寻找尽可能高效率地利用资源（原辅料、水、电等）、减少或消除废物产生和排放的方法，达到提高生产效率、合理利用资源、降低污染的目的。具体做法如下：

（1）核对有关生产单元操作、原材料、用水、能耗、产品和废物产生等资料。

（2）确定废物的来源、数量及类型，确定废物削减的目标，制定有效削减废物产生的对策。

（3）促进企业高层领导对通过削减污染物获得经济效益的认识。

（4）判定企业生产效率低的瓶颈所在和管理不当之处。

（5）园区对通过清洁生产审计的企业应授予一定的标志，以资鼓励。

对于已入区企业将按照国务院有关行政主管部门制定并发布的限期淘汰的生产技术、工艺、设备以及产品的名录，对浪费资源和严重污染环境的落后生产技术、工艺、设备和产品实行限期淘汰制度。对污染物排放达到国家和地方规定的排放标准以及总量控制指标的企业，按照自愿的原则开展清洁生产审核；而对于污染物排放超过国家和地方排放标准，或者污染物排放总量超过核定的排放总量控制指标的污染严重企业，以及使用有毒、有害原料进行生产或者在生产中排放有毒、有害物质的企业，依法强制实施清洁生产审核。

13.1.6 导入生态循环经济理念

生态循环经济本质上是一种生态经济，要求运用生态学规律来指导经济的发展，通过区域各子系统及其内部的物质循环使用、能量高效利用和信息充分共享，形成一套区域经济发展的生态战略系统，以此来调整区域内空间结构布局，调整和优化区域经济结构，从而把经济活动对自然环境的影响降低到最小程度。园区应积极实施区域中水回用和污水再生利用，提高水资源重复利用率。再生水用于工业用水的水质应符合《城市污水再生利用 工业用水水质》(GB/T 19923—2005)中的相关规定。

1. 企业层面（小循环）

在企业内部，可按照 3R 原则积极开展清洁生产，积极开发清洁生产工艺、废料回收生产技术和推行污染排放的生产全过程控制，全面建立节能、节水、降耗的现代化新型工艺，以达到少排放甚至零排放的环境保护目标。园区在引进项目时应优先考虑可在园区构成产业链的项目。

2. 区域层面（中循环）

按照产业生态学原理，通过区域间的物质、能量和信息集成，形成区域间的产业代谢和共生关系。把园区内各企业通过交通网络衔接、环境保护协调、资源共享和互补等,形成产业代谢和能源共生关系,形成共享资源和互换副产品的产业共生组合,从而使经济发展和环境保护走向良性循环的轨道。

3. 社会层面(大循环)

大循环有两个方面的交互内容:政府的宏观政策指引和市民群众的微观生活行为。政府必须制定和完善适应生态城市的法律法规体系,使城市生态化发展法律化、制度化;政府必须加强宣传教育,普及环境保护和资源节约知识,倡导生态价值观和绿色消费观,使公众特别是各级领导干部首先树立牢固的可持续发展思想,在决策和消费时能够符合环境保护的要求;政府要通过实行城市环境信息公开化制度,通过新闻媒体将环境质量信息公之于众,不断提高公众环境意识。

13.2 环境准入条件

1. 产业园区环境管控分区细化

产业园区与区域优先保护单元重叠地块,产业园区内其他具有重要生态功能的河流水系、湿地、潮间带、山体、绿地等,及评价确定需保护的其他环境敏感区,划为保护区域。保护区域外结合产业园区功能分区,划为不同的重点管控区域。

2. 分区环境管控要求

(1)落实国家和地方的法律、法规、政策及区域生态环境准入清单,结合现状调查、影响预测评价结果,细化分区环境准入要求。

(2)列出保护区域禁止或限制布局的规划用地类型、规划行业类型等,对不符合管控要求的现有开发建设活动提出整改或退出要求。

(3)重点管控区域环境准入应包括以下要求:

① 空间布局约束要求。对既有环境问题突出、土壤重金属超标、污染企业退出的遗留污染宗地、弱包气带防护性能区等地块,提出禁止和限制准入的产业类型及严格的开发利用环境准入条件;针对环境风险防范区、环境污染显著且短时间内治理困难的地块等,提出限制、禁止布局的用地类型或布局的建议。

② 污染物排放管控要求。包括产业园区、主要污染行业的主要常规和特征污染物允许排放量,存量源削减量和新增源控制量、主要污染物(包括常规

和特征污染物)及碳排放强度准入要求,现有源提标升级改造、倍量削减(等量替代)等污染物减排要求,主要污染行业预处理、深度治理等要求。

③ 环境风险防控要求。涉及易燃易爆、有毒有害危险物质,特别是优先控制化学品生产、使用、贮存的产业园区,应提出重点环境风险源监管。禁止或限制的危险物质类型及危险物质在线量,危险废物全过程环境监管,高风险产业发展规模控制等应符合建设用地土壤污染风险防控或污染土壤修复等管控要求。

④ 资源开发利用管控要求。包括水资源、土地资源、能源利用效率等准入要求。节能、能源利用(方式)及绿色能源利用,涉煤项目煤炭减量替代要求。涉及高污染燃料禁燃区的产业园区应提出禁止、限制准入的燃料及高污染燃料设施类型、规模及能源结构调整等要求。水资源超载产业园区应提出禁止、限制准入的高耗水行业类型、工序类型及中水回用要求。

13.2.1　项目准入评估

为了满足园区化工项目准入和强链、补链要求,进一步提升园区发展品质,建议园区应按以下项目准入评估要求对项目进行筛选准入:

1. 项目准入管理机制

健全完善园区化工项目准入工作管理机制,负责新扩建(含技改)化工项目准入会审,应由园区相关部门主要负责人牵头,经发、生态、应急、建设、规划、国土、城建、综合治理、消防等职能部门参与。

2. 项目产业政策符合性

入园项目原则上应属于国家《产业结构调整指导目录(2019 年本)》和《鼓励外商投资产业目录(2022 年版)》鼓励类项目,不属于《江苏省产业结构调整限制、淘汰和禁止目录》,并符合《化工园区安全风险排查治理导则(试行)》(应急〔2019〕78 号)、《省政府关于加强全省化工园区化工集中区规范化管理的通知》(苏政发〔2020〕94 号)等国家和省市关于化工产业发展的相关文件要求。导向以上级最新文件要求为准。

3. 项目与产业规划符合度

引入项目必须符合园区产业定位和产业发展规划重点发展产业链要求,起到补链、强链、延链或拓链的作用。

紧密围绕化工园区主导产业发展需求,配套相应科创孵化、节能环保及与化学品相关的产品检测、认证、咨询管理等高端现代服务业。

在满足化工园区产业要求的同时,外资项目所涉及的产业应符合《鼓励外商投资产业目录》所列相关产业,内资项目应符合《国家重点鼓励的高新技术领域》相关条目要求。

现有化工企业安全、环保、节能、信息化智能化、提升产品品质技术改造项目,能给当地重点培育产业带来重大创新的项目,亦可在充分论证后允许准入。

4. 经济技术指标

本次研究的化工产业园区项目投入强度不低于 280 万元/亩,产出强度不低于 300 万元/亩且税收贡献强度不低于 20 万元/亩。

5. 优先准入条件

列入国家、省、市战略性新兴产业发展规划中的项目。境外企业、央企、国企、上市公司、行业龙头等企业并购或重组园区内已有化工企业,世界 500 强、中国 500 强、国内外行业龙头、国内外细分行业隐形冠军、科技创新型企业等。国家和省级以上人才创业项目。对全市重大产业布局和发展具有关联性、带动性的项目。以世界 500 强、知名跨国公司、行业龙头、大型央企国企为投资主体的研发中心和地区总部中心。

6. 节能、安全和环保

项目必须满足节水、节能、清洁生产、安全要求,新建项目必须采用清洁生产技术及先进的技术装备。

对于能耗总量大于 5 万 t 标煤/a 的项目须经批准后方可进入,且综合能耗须优于省市最新相关要求。

从严控制环保标准。主要污染物排放须优于国家或地方排放标准。VOCs 排放总量执行现役源 2 倍、关闭源 1.5 倍削减量替代;项目在无法落实总量削减途径的情况下,不得准入。

充分评估安全风险。禁止安全风险大、工艺设施落后、本质安全水平低的企业或项目进入,限制新建剧毒化学品、有毒气体类项目,控制安全风险和危险化学品重大危险源等级。

过去五年有过重大安全和环境污染事故的企业和投资者严禁准入投资。

新开发的化工生产工艺应经小试、中试、工业试验方可进行工业化生产。国内首次使用的化工工艺应经安全可靠性论证。精细化工企业应按照规范性文件要求开展反应安全风险评估。

新建项目涉及到"两重点一重大"的应同步建成集重大危险源监控信息、可燃有毒气体检测报警信息、企业安全风险分区信息、生产人员在岗在位信息以及企业生产全流程管理信息"五位一体"的信息管理系统。

7. 其他

鼓励项目在园区建设配套研发中心等,对于此类项目优先考虑准入;重大创新成果的产业化对园区产业转型升级有积极推动作用的特殊重大项目,采取一事一议,由园区管委会项目准入审查小组决定。

13.2.2 环境准入清单

环境准入清单要体现园区特点,具有可操作性、可执行性。结合产业规划方向及发展现状完善生态环境准入清单,对产业链提出有针对性的环境准入要求和管控措施。根据园区规划的发展产业,限制该产业中与区域位置、环境质量、发展目标不相符的产品、工段、工艺,国家产业政策等文件中已有明确规定的无需再重复。化工园区应明确产品符合主产业链,及相应的投资强度、环保投资比例;文本涉及到削减、布局控制、减缓措施等应摘取关键内容纳入管理清单;明确化工企业清洁生产时间要求;针对 VOCs 和恶臭类环境影响明确具体、可操作性的投入和管理要求。

本次研究的化工产业园区按照"整顿提升、转型升级、横向耦合、纵向延伸"的发展路径,坚持"绿色、循环、低碳、创新"的发展方式,"砸笼换绿""腾笼换鸟""开笼引凤"打造主导产业链条,重点打造特色化工新材料、医药大健康化学品两大特色产业链条,将园区打造成为江苏省具有鲜明特色和绿色生态的化工产业基地。

做精做强特色化工新材料产业:依托产业基础和科技创新,持续推进现有特色化工新材料产业绿色化、生产智能化、本质安全化、品种高端化提档升级。综合利用区域原料资源,做精做特现有产业链条,同时适度发展区域市场需求潜力大的特色品种。重点发展有机硅新材料、橡胶塑料助剂、光电新材料及电子化学品、高性能纤维和可生物降解塑料等特色化工新材料,以满足机电装备、高端纺织、光伏新能源、新材料、新一代信息技术等主导先导产业发展需要,以及新型城镇化、基础建设等领域市场需求。

做绿做优医药大健康化学品产业:加快实施现有医药及原料化学品企业

和装置的连续化、清洁化、智能化、创新化改造升级,强力推进园区土地和环境容量等资源整合,要素向优势企业和高端项目倾斜,从而做绿做优医药大健康化学品产业。重点发展抗肿瘤、抗新型病毒感染、心血管类、精神疾病类等新型"重磅炸弹"级和特色新型原料药品种,着力发展 CMO 业务。同时鼓励现有精细化学品生产企业向原料药、营养保健和美容美妆用活性化学品领域转型,加速原料药产业集聚,形成新的经济增长点。

本次研究的化工产业园区在综合考虑规划空间管制要求、环境质量现状和目标等因素的基础上,结合产业结构合理性分析,进一步细化园区生态环境准入清单,详见表 13.2.1。

表 13.2.1 本次研究的化工产业园区生态环境准入清单

清单类型		准入内容
产业准入	优先引入	(1) 特色化工新材料产业优先发展有机硅新材料、塑料助剂、橡胶助剂、光电新材料及电子化学品、高性能纤维和可降解材料 (2) 医药大健康化学品产业优先发展化学原料药、化妆品活性组分化学品、医药保健相关产品 (3) 符合国家及地方产业政策的化工生产项目,包括《产业结构调整指导目录(2019 年本)》鼓励类项目、《鼓励外商投资产业目录(2022 版版)》所列项目等 (4) 依托龙头企业发展上下游关联强度、技术水平高、绿色安全环保的项目,进一步补链、延链、强链
	禁止引入	(1) 淘汰皮革加工、纸制品制造项目;淘汰铁粉还原法工艺;禁止引入 4 万 t/a 及以下黏胶常规短纤维生产线、湿法氨纶生产工艺、二甲基甲酰胺(DMF)溶剂法氨纶及腈纶生产工艺;禁止引入电子废弃物综合利用项目、低端的存在严重污染的印刷线路板处理药水和电子蚀刻剂等产品项目 (2) 禁止引入采用落后的、淘汰的生产工艺或生产设备的项目 (3) 禁止新(扩)建农药、医药、染料的中间体化工项目(国家《产业结构调整指导目录(2019 年本)》所列鼓励类及采用鼓励类技术的除外,作为企业自身下游化工产品的原料且不对外销售的除外),不新增化学农药生产企业(含化学合成类和物理复配类) (4) 禁止建设生产和使用高 VOCs 含量的有机溶剂型涂料、油墨和胶粘剂生产项目(国家鼓励发展的高端特种涂料除外)
	限制引入	(1) 限制新建、改扩建聚氨酯类和聚丙烯酸酯类中溶剂型通用胶粘剂生产项目;限制引入染料、有机颜料、印染助剂生产项目(国家《产业结构调整指导目录(2019 年本)》所列鼓励类及采用鼓励类技术的除外) (2) 限制新建、扩建古龙酸和维生素 C 原粉(包括药用、食品用、饲料用、化妆品用)生产项目;药品、食品、饲料、化妆品等用途的维生素 B1、维生素 B2、维生素 B12、维生素 E 原料生产项目 (3) 限制引入危险废物产生量大、园区内无配套利用处置能力或设区市无法平衡解决的化工项目 (4) 限制引入使用《危险化学品目录》所列剧毒化学品、《优先控制化学品名录》所列化学品的项目

清单类型	准入内容
空间布局约束	(1) 项目布局不得违反《〈长江经济带发展负面清单指南(试行,2022年版)〉江苏省实施细则》(苏长江办发〔2022〕55号)规定的河段利用与岸线开发、区域活动、产业发展要求,以及《淮河流域水污染防治暂行条例》《江苏省生态空间管控区域规划》《江苏省国家级生态保护红线规划》管控要求 (2) 园区西南角靠近居民区的边界地块,限制引入有机溶剂使用种类多、使用量大、易产生异味影响的污染影响类项目,优先布局安全风险低、污染物排放量小的橡塑助剂和高端油墨(复配)等环境友好型产业项目 (3) 园区边界设置 500 m 卫生防护距离,该范围内禁止建设学校、医院、居住区等环境敏感目标 (4) 园区规划生态用地主要包括绿地 121.76 hm², 水域 19.93 hm², 不得占用
污染物排放管控	1. 环境质量 (1) 2025 年,PM$_{2.5}$、臭氧、二氧化氮年均值分别达到 33 μg/m³、150 μg/m³、27 μg/m³ (2) 受纳水体水质达到《地表水环境质量标准》(GB 3838—2002)Ⅳ类水标准 (3) 建设用地土壤污染物浓度达到《土壤环境质量 建设用地土壤污染风险管控标准(试行)》(GB 36600—2018)第二类用地筛选值标准;农林用地土壤污染物浓度达到《土壤环境质量 农用地土壤污染风险管控标准(试行)》(GB 15618—2018)筛选值 2. 总量控制 (1) 水污染物:近期排放量为 COD 672.08 t/a、氨氮 67.21 t/a、总磷 6.73 t/a、总氮 201.62 t/a;远期排放量为 COD 676.31 t/a、氨氮 67.63 t/a、总磷 6.77 t/a、总氮 202.89 t/a (2) 大气污染物:近期排放量为 SO$_2$ 292.799 t/a、颗粒物 117.769 t/a、氮氧化物 543.566 t/a、VOCs 317.303 t/a;远期排放量为 SO$_2$ 315.322 t/a、颗粒物 139.21 t/a、氮氧化物 567.997 t/a、VOCs 403.903 t/a
环境风险防控	(1) 禁止建设不能满足环评测算出的环境防护距离,或环评提出的事故风险防范和应急措施难以落实到位的项目 (2) 禁止建设与园区空间冲突或经环保论证与周边企业、规划用地等环境不相容或存在重大环境风险隐患且无法有效防范的项目 (3) 加强对关闭搬迁化工企业拆除活动的监管,对搬迁遗留场地开展污染调查、风险评估和风险管控 (4) 企业内部重点做好生产装置区、罐区、废水事故池及输水管道等的防腐防渗工作,在可能存在可燃、有毒气体泄漏的场所设置可燃、有毒气体检测报警仪,对各密封点进行检查,发现隐患及时消除 (5) 建立突发水污染事件应急防范体系,完善"企业+园区公共管网(应急池)+区内水体"三级防控体系建设,以区内外多级河道闸坝为依托,按照分区阻隔原则,选取合适河段科学设置突发水污染事件临时应急池,编制突发水污染事件应急处置方案 (6) 建立突发环境事件隐患排查整改及突发环境事件应急管理长效机制,将园区突发环境事件隐患排查及整改、环境应急物资管理、环境应急演练拉练、环境应急预案备案及修编等工作,纳入智慧园区管理平台进行信息化管理

续表

清单类型	准入内容
资源开发效率要求	（1）引进项目的生产工艺、设备装置、污染治理技术、清洁生产水平等应达到同行业国际先进水平 （2）单位工业总产值新鲜水耗 2025 年不超过 10 m^3/万元；2035 年不超过 5 m^3/万元 （3）再生水（中水）回用率 2025 年不低于 30％；2035 年不低于 40％ （4）单位工业总产值综合能耗 2025 年不超过 0.5 t 标煤/万元；2035 年不超过 0.45 t 标煤/万元 （5）2035 年园区建设用地不超过 968.97 hm^2

14

结论

14.1 园区规划概述

规划范围:本次研究的化工产业园区规划总用地面积 $9.9\,km^2$。

规划期限:近期 2021—2025 年,远期 2026—2035 年。基准年为 2020 年。

产业定位:以特色化工新材料和医药大健康化学品为突破口,通过产业结构优化和能级提升,打造现代化化工产业体系(重点发展两个主导产业,即特色化工新材料、医药大健康化学品)。

14.2 开发现状

本次研究的化工产业园区现状入区工业企业 82 家,除 13 家近期拟关停企业、5 家已关停企业和 5 家拟建企业外,园区还有 43 家化工企业、12 家非化工企业和 4 家基础设施企业。园区按照"产业集聚、企业集群"的思路,在加大基础设施建设和项目引进的同时,重点做好主导产业集聚发展与提升工作。经过多年发展,园区初步形成了化工新材料和医药化工两大主要产业链(产品集群)。2020 年,园区实现工业开票销售收入 120.3 亿元,同比增长 35.23%,财政总收入 4.7 亿元,一般公共预算收入 2.71 亿元。已初步形成橡塑新材料主导的化工新材料产业链和化学原料药主导的医药化工产业链。

根据用地现状分析,目前园区已开发用地 $678.85\,hm^2$,占总规划范围的 68.65%,开发程度较高。

14.3　区域环境现状与存在问题

14.3.1　区域环境现状

1. 环境空气

根据园区大气自动监测站数据,2021 年园区所在区域环境空气中 PM_{10}、SO_2、NO_2、CO、O_3 均达到环境空气质量二级标准;$PM_{2.5}$ 年均值和日均值第 95 分位质量浓度超过环境空气质量二级标准。园区所在区域 $PM_{2.5}$ 超标,判定为空气质量非达标区。

2021 年园区布置了 8 个监测点,现状监测(2021 年 8 月)数据表明,各监测因子浓度均能满足《环境空气质量标准》(GB 3095—2012)二级标准、《环境影响评价技术导则 大气环境》(HJ 2.2—2018)附录 D 中参考浓度限值等要求。

根据近 5 年园区监测数据和近年大气自动监测站数据分析,园区各监测因子浓度整体呈现下降趋势,颗粒物年均浓度总体持平,环境空气质量有所改善。

2. 地表水

评价范围内布设 9 个监测断面,各监测因子浓度均满足《地表水环境质量标准》(GB 3838—2002)Ⅳ类水标准。

对比近 5 年的监测数据分析,园区水体水质总体均满足相应功能区要求,并呈现向好趋势。

3. 声环境

园区共布设 12 个声环境质量监测点。现状监测(2021 年 6 月)数据显示,各点位监测值均满足《声环境质量标准》(GB 3096—2008)相应声环境功能区标准限值。

4. 地下水

园区共布设 9 个地下水水质监测点,现状监测(2021 年 8 月)数据显示,各项指标均达到《地下水质量标准》(GB/T 14848—2017)Ⅳ类及以上水质标准要求。

对比 2012 年、2017 年、2019 年、2020 年和 2021 年的监测数据分析,园区地下水水质总体呈转好趋势。

5. 土壤

园区共布设 9 个土壤环境监测点,现状监测(2021 年 8 月)数据显示,园区内各点位监测结果均未超过《土壤环境质量 建设用地土壤污染风险管控标准(试行)》(GB 36600—2018)第二类用地筛选值,园区外村庄居住用地监测结果均满足《土壤环境质量 建设用地土壤污染风险管控标准(试行)》(GB 36600—2018)第一类用地筛选值要求。

对比 2012 年、2017 年、2019 年、2020 年、2021 年园区土壤环境监测结果分析,土壤镍、砷、铜因子浓度总体呈现下降趋势,土壤汞、镉、铅因子浓度先增大后下降,其他土壤各项指标维持同一水平或呈改善趋势,土壤环境质量不下降。

6. 底泥

园区共布设 2 个底泥监测点,现状监测(2021 年 8 月)数据表明,各监测指标均符合《土壤环境质量 农用地土壤污染风险管控标准(试行)》(GB 15618—2018)表 1"其他"风险筛选值及《土壤环境质量 建设用地土壤污染风险管控标准(试行)》(GB 36600—2018)第一类用地筛选值要求。

对比 2020 年和 2021 年的底泥监测数据分析,园区周边河流底泥环境质量呈改善趋势。

14.3.2 主要环境问题

(1)园区大规模用地布局现状与上轮用地规划不相符。建议本轮开发建设规划对上轮用地布局进行调整,使现状用地总体符合本轮规划的用地布局。

(2)上轮规划期间园区企业涉及产业种类较多,部分产业企业数量少、关联度不强且不符合园区产业定位。

(3)园区集中供热不稳定,部分时间供热能力不足。现有 4 台锅炉在高峰期全部满负荷运行,没有备用,导致园区集中供热不稳定,需要对集中供热设施进行提升改造。

(4)园区及周边仍存在异味恶臭影响,部分企业废气收集、治理措施还需加强。

(5)园区单位工业总产值新鲜水耗偏高,整体中水回用率较低。园区 2020 年和 2021 年单位工业总产值新鲜水耗分别为 18.63 m^3/万元、13.27 m^3/万元,未达到《绿色化工园区评价导则》(HG/T 5906—2021)相关指标(10 m³/万元)要求。

14.3.3　主要制约因素

（1）园区大气环境质量现状属于不达标区（PM$_{2.5}$超标），是制约园区开发建设规划实施的制约因素。

（2）园区规划范围内用地现状仍有一般农用地。

（3）园区现状开发程度已较高，可利用土地面积较小，对后续规划发展形成一定制约。

（4）园区部分区域暂未开发建设，暂无规范道路，区域部分雨水管网建设不完善。

（5）园区位于市区次主导风向上风向，不利气象条件下存在异味影响。

（6）园区重点发展化工产业，涉及较多危险化学品的使用、储存，存在较多重大风险源，要求园区在环境管理过程中须重点关注环境风险的控制与防范。

（7）根据园区安全距离测绘报告及现场踏勘可知，园区边界500 m范围内无居民、学校、医院等敏感目标。但距离园区边界500～600 m范围内仍有多个居民住宅区。

（8）淮河流域与南水北调东线工程相关区域政策的制约。

（9）碳达峰、碳中和目标的提出，将使得清洁能源逐渐成为主流，低碳能源消耗转型进入加速阶段。未来一段时期是转变发展方式、优化经济结构、转换增长动力的关键时期，对该园区而言既是机遇也是挑战。

14.4　规划环境影响评价主要结论

14.4.1　规划环境影响预测结论

1. 大气环境影响预测

园区本轮规划实施后，近期和远期排放的常规污染物 SO$_2$、NO$_2$、PM$_{2.5}$ 和 PM$_{10}$ 保证率日均浓度和年均浓度均符合环境质量二级标准。

硫酸雾、HCl、苯、甲苯、甲醇、甲醛、乙醇、丙酮、Cl$_2$、NH$_3$、H$_2$S、VOCs 小时浓度和日均浓度符合《环境影响评价技术导则　大气环境》（HJ 2.2—

2018)附录 D 浓度限值,二噁英的小时、日均、年均浓度符合日本环境厅中央
环境审议会制定的环境标准及折算标准。

2. 地表水环境影响预测

根据地表水预测结果,园区企业尾水排放仅影响尾水通道内的水质,对
最终受纳水体水功能区基本没有影响。

3. 地下水环境预测

在实施严格的防渗措施、建立完善的地下水监测系统、强化地下水应急
措施的前提下,项目对地下水环境的影响将大大减弱。

4. 固体废物环境影响分析

园区固体废物主要包括一般工业固体废物、危险废物、生活垃圾等。一
般工业固体废物进行综合利用,生活垃圾处理以焚烧为主,危险废物须由有
资质单位安全处置。各项固废均能得到及时有效的处理,对环境的影响不大。

5. 土壤环境影响分析

园区废气、废水、危废等对土壤的影响均较小。

14.4.2　环境风险评价结论

园区规划项目涉及较多易燃易爆及有毒有害的危险性物质,因此存在一
定的环境风险。产业规划实施后风险事故的类型主要有火灾爆炸、化学品泄
漏等,事故源主要来自区内各企业贮罐区和生产装置区。火灾爆炸主要环境
危害为伴生/次生的烟尘,及引发的物料泄漏和产生的消防废水对外部水系
的危害;化学品泄漏的环境影响则为挥发、扩散毒性物质对大气环境造成的
污染。园区应加强对危险源的监控和限制,提升事故应急处置能力,健全环
境风险应急管理机构,完善环境风险应急预案,并实现与地方政府和区内企
业预案的衔接。同时加强对相关人员的培训、预案的演练和对风险影响范围
内人员的宣传教育。在仓储、各企业罐区等易发生事故的区域安装气体检测
装置和自动报警系统。

14.4.3　区域资源环境承载力

1. 土地资源承载力

园区现状已开发建设用地 678.85 hm^2,规划建设用地 968.97 hm^2,开发
利用率较高。从可供开发的新增用地具体用地类型角度分析,新增建设用地

主要为工业用地、城市道路用地和防护绿地。一方面,区内农林用地显著减少以保证工业发展的需要;另一方面,通过关停部分企业,腾笼换鸟,盘活余量约 66.88 hm² 满足用地需求。综上,园区土地资源能够支撑本次开发规模。

2. 水资源承载力

据统计,园区 2020 年用水量平均为 2.33 万 m³/d,近期用水量为 2.48 万 m³/d,远期用水总量为 3.33 万 m³/d。在不考虑中水回用量的情况下,新增用水需求约 1.0 万 t/d,而水厂工业用水供水量还有 2.5 万 m³/d 的余量。综上,园区供水能力和管网配套建设能够满足区内集中供水需求。

3. 水环境承载力

园区尾水排放仅影响尾水通道内的水质,对水功能区基本没有影响。

4. 大气环境承载力

由于园区本轮规划期内常规大气污染物排放削减量大于新增量,因此剩余环境容量有所增加。废气特征污染物排放有所增加,但均未突破大气环境承载力,仍有一定的剩余环境容量。

14.4.4 规划方案综合论证

14.4.4.1 规划产业定位总体合理

园区本轮发展方向、功能定位,一方面旨在对区内现有企业进行产业调整与升级换代,另一方面按照《省政府关于深入推进全省化工行业转型发展的实施意见》(苏政发〔2016〕128 号)精神,规划做精做强特色化工新材料,做绿做优医药大健康化学品产业。

规划实施可带动城市的经济发展,促进传统产业结构转型提升,改善当地居民生活条件,与区域发展相协调。因此,本轮规划产业定位具有合理性。

14.4.4.2 规划布局总体合理

园区产业定位以发展化工产业为主,本轮规划化工产业定位与布局符合园区所在市产业发展要求。

园区本轮规划范围内不涉及国家级生态保护红线和生态空间管控区域。本轮规划旨在加速园区现有产业结构升级,推动园区现有产业提质增效,向化工产业绿色化转变,不会导致区域重要生态功能保护区生态服务功能下降。园区规划依托现有企业基础,清退或转型发展相对落后、污染较重、产业聚焦不明显的工业企业,秉承"产业集聚、用地集约"的原则,有利于污染物集中控制以及企业间产业链的形成与完善,规划产业布局将减缓园区环境压力,推进园区与周边区域产城融合发展。

总体而言,本轮规划的总体布局与区域环境功能区划相协调,规划的产业布局、用地布局基本具有环境合理性。

14.4.4.3　规划规模总体合理

根据水资源承载力分析结果,园区本轮规划供水方案可满足园区规划期产业发展的需求。

根据土地资源承载力分析结果,园区土地资源的综合承载能力较强,本轮规划方案并未加剧土地资源供给的压力。

因此,在落实各项污染防治措施及确保区域空气环境质量改善(尤其是 PM_{10}、$PM_{2.5}$)的情况下,本次规划产业规模方具备环境可行性。

14.4.4.4　配套环保基础设施合理

1. 污水处理

区内企业污水经厂内预处理达接管标准后经"一企一管"明管输送至园区污水处理厂处理,尾水水质满足《化学工业水污染物排放标准》(DB 32/939—2020)要求后排放。园区内企业废水接管园区污水处理厂从水量、水质、处理工艺角度考虑基本可行,在全面实施提标改造工程的前提下,园区污水处理厂污水处理规模可满足园区污水处理的需求。

2. 集中供热

预测园区规划近期工业热负荷为 144.95 t/h,远期工业热负荷为188.93 t/h。因此,区域热源近、远期供热能力均能够满足园区供热需求。

3. 固废处置

园区产生的一般固体废物、危险废物及生活垃圾均妥善处置,园区规划危废处置能力能够满足园区及周边地区危险废物处置需求。

14.4.5　规划优化调整建议

(1) 园区主要短板及问题为产业链相对较短、非化工企业占比相对较高。

经过化工产业安全环保整治提升,园区目前已关停了 5 家企业。本轮规划近期拟关停 13 家企业,逐步淘汰企业数量少且企业关联度不强的产业。园区现有不符合规划产业定位的 8 家非化工企业,可维持现状或技改升级和环保提升,远期根据最新环保政策要求适时进行逐步搬迁或清退。

(2)鉴于园区内某未开发地块距离居民区较近,环境较为敏感,建议规划为生产研发中心,调轻工业用地布局或增强绿化隔离带生态防护林建设。园区边界靠近居民区的地块,可通过优化产业布局,对该地块落户项目加强审查,及时召开听证会,围绕两大主导产业在该区域内优先布局安全风险低、污染物排放小的橡塑助剂和高端油墨(复配)等环境友好型产业项目。

(3)园区单位工业总产值新鲜水耗偏高,整体中水回用率较低。建议进一步提高园区污水处理厂和直排企业尾水深度处理和资源化利用水平,建设中水回用设施,布设中水回用管网,提高中水回用率和水资源利用效率。

(4)园区集中供热不稳定,部分时间供热能力不足。建议引入园区外部供热能力作为补充备用,确保园区稳定集中供热。

(5)园区位于城区次主导风向上风向,不利气象条件下存在异味影响,且区域为环境空气质量不达标区,超标因子为 $PM_{2.5}$。建议进一步加快推进企业贯彻落实《挥发性有机物无组织排放控制标准》(GB 37822—2019),提升企业 VOCs 收集能力,优化园区企业 VOCs 治理效果。

(6)园区本轮开发建设规划与上位规划存在不一致的情况。建议将本轮规划的化工产业定位、布局、用地性质等方面情况纳入上位规划,使规划内容互相协调。新一轮国土空间规划调整到位前,不一致地块维持现状,不得引进项目。

14.5 “三线一单”及总量控制要求

14.5.1 生态保护红线

本次规划环评确定园区需要严格保护的生态空间包括园区的绿地、水域等,本次园区规划绿地面积 121.76 hm^2,规划水域面积 19.93 hm^2。

14.5.2　环境质量底线

本次评价的环境质量底线即评价区域的大气、地表水、声环境功能区划，以此作为容量管控的依据。污染物总量控制要求如下：①水污染物近期排放量为 COD 672.08 t/a、氨氮 67.21 t/a、总磷 6.73 t/a、总氮 201.62 t/a，远期排放量为 COD 676.31 t/a、氨氮 67.63 t/a、总磷 6.77 t/a、总氮 202.89 t/a；②大气污染物近期排放量为 SO_2 292.799 t/a、颗粒物 117.769 t/a、氮氧化物 543.566 t/a、VOCs 317.303 t/a；远期排放量为 SO_2 315.322 t/a、颗粒物 139.21 t/a、氮氧化物 567.997 t/a、VOCs 403.903 t/a。

14.5.3　资源利用上线

根据规划环境影响评价指标体系推算，园区规划范围近、远期建设用地面积分别为 696.76 hm^2、968.97 hm^2；近、远期水耗上线分别为 905.2 万 t/a、1215.45 万 t/a，在规划实施中应严格控制不得超过上线数值。

14.5.4　严格环境准入

1. 优先引入类项目

（1）特色化工新材料产业优先发展有机硅新材料、塑料助剂、橡胶助剂、光电新材料及电子化学品、高性能纤维和可降解材料。

（2）医药大健康化学品产业优先发展化学原料药、化妆品活性组分化学品、医药保健相关产品。

（3）符合国家及地方产业政策的化工生产项目，包括《产业结构调整指导目录（2019 年本）》鼓励类项目、《鼓励外商投资产业目录（2022 年版）》所列项目等。

（4）依托龙头企业发展上下游关联度强、技术水平高、绿色安全环保的项目，进一步补链、延链、强链。

2. 禁止引入类项目

（1）淘汰皮革加工、纸制品制造项目；淘汰铁粉还原法工艺；禁止引入 4 万 t/a 及以下黏胶常规短纤维生产线、湿法氨纶生产工艺、二甲基甲酰胺（DMF）溶剂法氨纶及腈纶生产工艺；禁止引入电子废弃物综合利用项目、低端的存在严重污染的印刷线路板处理药水和电子蚀刻剂等产品项目。

（2）禁止引入采用落后的、淘汰的生产工艺或生产设备的项目。

（3）禁止新（扩）建农药、医药、染料的中间体化工项目（国家《产业结构调整指导目录（2019 年本）》所列鼓励类及采用鼓励类技术的除外，作为企业自身下游化工产品的原料且不对外销售的除外），不新增化学农药生产企业（含化学合成类和物理复配类）。

（4）禁止建设生产和使用高 VOCs 含量的有机溶剂型涂料、油墨和胶粘剂生产项目（国家鼓励发展的高端特种涂料除外）。

3. 限制引入类项目

（1）限制新建、改扩建聚氨酯类和聚丙烯酸酯类中溶剂型通用胶粘剂生产项目；限制引入染料、有机颜料、印染助剂生产项目（国家《产业结构调整指导目录（2019 年本）》所列鼓励类及采用鼓励类技术的除外）。

（2）限制新建、扩建古龙酸和维生素 C 原粉（包括药用、食品用、饲料用、化妆品用）生产项目，药品、食品、饲料、化妆品等用途的维生素 B1、维生素 B2、维生素 B12、维生素 E 原料生产项目。

（3）限制引入危险废物产生量大、园区内无配套利用处置能力或设区市无法平衡解决的化工项目。

（4）限制引入使用《危险化学品目录》所列剧毒化学品、《优先控制化学品名录》所列化学品的项目。

14.6 环境影响减缓措施

1. 大气环境保护措施

（1）集中供热设施废气治理：供热企业进行上大压小热电联产扩建，同时创建"绿色标杆"企业，执行最严格的排放标准，新增供热能力的同时对全厂燃煤锅炉进行超超低改造，进一步减少污染物排放。

（2）VOCs 与异味污染控制：大力推进源头控制；全面加强无组织排放控制；合理选择治理措施；实施精细化管控措施；区域削减措施。

（3）酸、碱性气体污染控制：企业生产过程中会产生氯化氢、硫酸、硝酸等酸性气体，可采用多级碱喷淋塔进行处理。

（4）烟（粉）尘污染防治：以区域大气环境质量达标为前提，严格控制粉尘排放量大的项目入区；新、改、扩建项目烟（粉）尘须执行 2 倍削减替代。粉尘类废气应采用布袋除尘、静电除尘或以布袋除尘为核心的组合工艺处理,提高收集效率和除尘效率。

(5) 推进"绿色标杆"企业建设:引导激励区内企业自主申报环保"绿色标杆"示范企业,采用国际、国内最先进治理技术,执行国内(包括国家、地方)规定的行业内最严排放限值,并稳定达标排放。

(6) 严格落实区域环境空气保障方案:多部门联动,从工业生产、社会生活、交通运输多方面入手,配合开展常态保障和应急保障工作,严格执行深入打好污染防治攻坚战目标任务书相关要求。

2. 水环境保护措施

(1) 完善废水收集系统:化工废水应全部做到"清污分流、雨污分流",采用"一企一管,明管(专管)输送"收集方式。

(2) 加强污水处理厂进出水监控:加强园区污水处理厂上游企业来水的监督监测工作,强化污水处理厂调节池功效和物化预处理效果,确保企业废水达标接管,确保出水达标排放。进出水口安装在线监控装置、视频监控系统和自动阀门,并与环保部门联网。

(3) 加强企业内部废水管理:企业应做到"清污分流、雨污分流",规范设置雨污排放口及在线监控设施,企业废水分类收集、分质处理,确保各类废水得到有效收集和处理。建设初期雨水池及应急事故水池,容量满足初期雨水、事故废水收集需求。鼓励企业实施清洁生产、采用先进生产工艺,减少废水污染物排放。

(4) 推行废水再生利用与节水措施:优化区域水资源配置方案,提升企业节水能力和水平。提倡与推行节水措施,积极探索中水回用途径,回用水用于工业洗涤、冷却用水等,以有效减少用、排水量。

(5) 废水重金属管控措施:园区应将通过各种手段在发展经济的同时尽可能减少重金属排放作为推进工作的着眼点,要形成通过采用先进的处理工艺和设备、推行清洁生产,把末端治理转变为全生产过程中的预防污染、配备完备的污水处理系统、建立完善的环境管理体系和持续改进等措施齐抓的联动机制,最终实现节约原材料,降低重金属污染物排放量,促进园区的良性发展。

3. 声环境保护措施

(1) 工业噪声污染控制:对项目可能产生的噪声污染,采用隔声、吸声和消声等措施,以降低其源强,减少对周围环境的影响。工业企业在总图布置上应充分考虑高噪声设备的影响,合理布局,保证厂界噪声达标。

（2）利用绿化隔离带有效控制噪声污染：做好道路两侧的绿化,利用绿化带对噪声的散射和吸收作用,加大交通噪声的衰减,以达到阻隔削减噪声的目的。

14.7　总结论

综上所述,在落实本规划环评提出的规划优化调整建议和环境影响减缓措施后,该园区开发建设规划与上层规划、相关生态环境保护规划以及其他规划基本协调,发展目标、空间布局、产业定位、用地布局与环境保护要求基本相符。根据研究报告提出的优化调整建议对规划相关内容进行适当调整,并严格落实评价提出的各项环境影响减缓措施、风险防范措施、生态环境准入清单后,在确保区域环境空气质量改善的前提下,该规划在环境保护方面是可行的。

15

参考文献

［1］邓林,李冰,王向华.化工园区环境管理现状及思考—以江苏省化工园区为例[J].环境与发展,2017,29(8):207-208.

［2］薛炳刚.我国化工园区产业发展存在的问题及对策思考[J].中国石油和化工经济分析,2011(10):54-57.

［3］国家发展改革委、财政部关于推进园区循环化改造的意见[J].中国资源综合利用,2012,30(4):10-12.

［4］林长喜,魏珣."双碳"要求下我国化工园区循环化改造路径研究[J].化学工业,2022,40(2):42-46.

［5］费伟良,崔永丽,刘兆香,等."双碳"目标下工业园区减污降碳协同增效路径研究[J].中国环保产业,2022(12):19-22.

［6］陈庆俊,李志坚,李强,等.新形势下化工园区环保整治提升思路[J].化学工业,2022,40(1):87-90.

［7］于强.中水回用技术及化工园区实施中水回用存在的问题[J].化学工业,2013,31(Z1):42-50.

［8］徐祖信,屈计宁,傅威,等.工业区污水治理路线和政策探讨[J].环境保护,2005(1):30-32.

［9］邹新,史晓燕,李秀峰,等.工业园区污水处理模式探讨和建议[J].江西科学,2010,28(3):341-343+406.

［10］顾宗勤.我国化工园区的建设和发展[J].国际石油经济,2004,12(6):52-55+72.

［11］王春峰,孙惠山,姜继伟.浅析工业园区集中供热[C]//中国石油和化工勘察设计协会热工设计专业委员会、全国化工热工设计技术中心站2013年年会论文集.2013:80-83.

［12］张延杰,苏红乡,张敬亭,等.化工园区集中供热模式探讨[J].煤气与热力,2011,31(12):12-14.

［13］陆烽.浅析化工区环境问题及对策[J].中国资源综合利用,2007(12):24-25.

［14］费伟良,李奕杰,杨铭,等.碳达峰和碳中和目标下工业园区减污降碳路径探析［J］.环境保护,2021,49(8):61-63.

［15］王天庆,崔静涛,韩微微.化工园区危险废物处理处置技术分析［J］.辽宁化工,2022,51(9):1335-1337.

［16］减污降碳协同增效实施方案［J］.资源再生,2022(6):44-49.

［17］开启减污降碳协同治理新阶段［J］.中国生态文明,2021(1):24-25.

［18］陆海杰,姚乾秦,屠秉坤,等.化工园区VOCs污染综合治理技术研究进展［J］.中国资源综合利用,2022,40(9):90-92.

［19］张英健.大力推行重点领域清洁生产 推动实现减污降碳协同增效——《"十四五"全国清洁生产推行方案》解读之四［J］.中国经贸导刊,2022(1):48-50.

［20］庄迎,王黎伟,曹艳.化工园区环境风险防控现状与建设对策［J］.中文科技期刊数据库(全文版)自然科学,2022(7):150-152.